边坡失稳动力学概论

谢谟文　关鸿亮　杜　岩　　著
　　　　张　磊　贺　铮

U0077474
U0180665

科学出版社

北京

内 容 简 介

本书介绍边坡失稳动力学的关键理论基础。边坡失稳是指边坡岩土体在内外部不利因素影响下产生倾倒、滑移或崩落等丧失稳定的过程。边坡失稳动力学基于牛顿运动定律，从边坡岩土结构动力特征和运动规律入手，主要研究边坡稳定性评价模型、失稳预警指标及早期预警方法。在建立基于动力特征的边坡稳定性评价模型基础上，形成了边坡失稳相关的静力学、动力学及运动学指标体系。同时，基于安全态势主动感知微芯桩智能传感的研发应用，形成了边坡失稳的早期预警方法。

本书可供岩土工程领域的科研人员及高等院校相关专业的师生参考。

图书在版编目(CIP)数据

边坡失稳动力学概论 / 谢谟文等著. —北京：科学出版社，2021.10
ISBN 978-7-03-070056-8

Ⅰ. ①边…　Ⅱ. ①谢…　Ⅲ. ①边坡稳定-研究　Ⅳ. ①TU413.6

中国版本图书馆 CIP 数据核字（2021）第 206929 号

责任编辑：童安齐 / 责任校对：王　颖
责任印制：吕春珉 / 封面设计：东方人华平面设计部

科学出版社 出版
北京东黄城根北街 16 号
邮政编码：100717
http://www.sciencep.com

北京中科印刷有限公司 印刷
科学出版社发行　各地新华书店经销

*

2021 年 10 月第 一 版　　开本：B5（720×1000）
2021 年 10 月第一次印刷　　印张：8　插页：5
字数：150 000

定价：98.00 元
（如有印装质量问题，我社负责调换〈中科〉）
销售部电话 010-62136230　编辑部电话 010-62137026（BA08）

前　　言

边坡安全稳定性评价和边坡失稳预测预警是边坡工程及地质灾害防治的重要研究内容。几十年来，我国在边坡工程理论方面主要来源于传统的极限平衡理论，并根据滑动力与可能的抗滑力之间的关系来定义边坡的稳定安全系数，而在监测预警方面主要依靠位移指标。

边坡失稳是指边坡岩土体在内外部不利因素影响下产生倾倒、滑移或崩落等突然丧失稳定性的现象，是一个从静止（或相对静止）到运动的过程，其间的物理力学参数、动力学特征和运动学特征都随之产生变化。经典牛顿运动定律描述了物体静力平衡、动力与运动的关系和力的相互作用，其适应条件是质点、惯性参考系以及宏观低速运动。可见，人们有必要基于牛顿运动定律建立更加贴切描述边坡失稳实质的理论体系。

边坡失稳动力学基于牛顿运动定律，从边坡岩土结构动力特征和运动规律出发，主要研究以下内容。

（1）基于动力学特征的边坡稳定性评价模型。

（2）边坡安全及失稳的关联指标及控制指标。

（3）基于控制指标的早期预警阈值及预警方法。

（4）研发适用于边坡失稳动力学监测预警的智能传感。

边坡失稳动力学的主要理论观点如下。

（1）现有基于极限平衡定义的安全系数只能作为设计参考。基于牛顿第三定律，分析边坡在某一假定工况下的受力平衡来求得抗滑力与滑动力关系实际上并不能描述边坡失稳的过程，更不能表征边坡安全度

（系数）的动态变化。

（2）边坡作为一个物体对象，处于静止是稳定的，一旦有"动"的状态发生，则可能有危险，而这种危险可能转化为险情或灾情。但是这种"动"的演化过程是复杂的、反复的，依赖于内外因条件的变化。边坡"动"的过程依据其失稳趋势发展的程度可以分为振动、形变和位移。振动指边坡体沿直线或曲线经过其平衡位置所做的往复运动，其特征可用振幅、频率、相位三个基本要素来描述，振动特征参数与边坡受力及内部物理力学特性参数相关，其可间接反映边坡是否进入破裂阶段；形变是边坡体形状的变化，即指边坡体在保持一定完整结构的情况下因受力而产生形状的变化，形状变化可以采用倾斜、应变及相对不均匀沉降等指标描述，形变特征参数反映边坡进入微动和形变阶段；位移是指边坡分离体相对原边坡母体产生的相对滑动或脱离的宏观现象，位移特征参数反映边坡进入位移和失稳阶段。

（3）边坡失稳是一个从静止到运动的过程，建立基于牛顿运动定律的动态安全评价模型可以很好地描述实际边坡的动态演化过程。牛顿第二定律建立了动力与运动的关系，可以很好的描述边坡的受力运动过程，其动力特征的变化反映了边坡内部结构材料特性的变化，运动特征的变化反映边坡失稳破坏的趋势及客观结果。

（4）试验和实际工程应用表明，基于实际监测的动力学指标可以与动力学特征的边坡安全稳定性评价模型相对应，这样可以实现边坡安全度（系数）的实时监测。

（5）基于边坡失稳动力学理论，可以建立基于边坡安全度（系数）的安全预警模型、边坡失稳演化阶段的失稳预警模型及边坡危险工况下的工况预警模型。

（6）基于态势感知理论，研发可主动、高频采集边坡动力学和运动学指标，并可基于植入的理论模型实时分析边坡稳定性状态、预测预警边坡状态和趋势变化的智能传感装备，是边坡失稳动力学理论应用的重要保障，同时通过产业化研制，推动边坡灾害防治手段的科学化和实用化。

　　本书是著者多年从事边坡失稳动力学理论探索及主动态势感知传感研发的总结，希望以此抛砖引玉，推动边坡稳定评价理论与失稳预警技术的发展。在撰写本书过程中参阅和引用了有关学者的文献与研究成果，在此对原作者表示感谢。同时，感谢北京科技大学研究生贾艳昌、刘卫南、吴志祥、陈晨、张晓勇、吕夫侠等参与本书相关的研究工作。

　　鉴于著者的知识水平有限，书中难免有不当之处，敬请读者指正。

目　　录

1 边坡失稳动力学引论

1.1 边坡失稳动力学定义

边坡失稳是指边坡岩土体在内外部不利因素影响下产生倾倒、滑移或崩落等突然丧失稳定性的现象,从而可能会引起生命财产损失及其他次生灾害。

边坡失稳是边坡体从静止(或相对静止)到运动的过程,经历了稳定、破裂、微动、形变、位移、加速位移到失稳破坏的阶段变化,其间物理力学参数、动力学特征参数与运动学特征参数都随之发生变化。经典边坡稳定极限平衡分析理论忽视了岩土体的动力学与运动学特征,主要依靠力的平衡来说明边坡的稳定性关系。极限平衡分析方法和模型是惯性体系下的瞬时成立公式,无法描述边坡从静止到运动过程中动力学及运动学特征的变化。

边坡失稳动力学是从动力学及运动学特征入手,研究边坡稳定性评价模型、失稳预警指标、预警模型及方法的学科,是一个新的边坡研究方向。

1.2 牛顿运动定律

物理学经典的牛顿运动定律包括牛顿第一运动定律、牛顿第二运动定律和牛顿第三运动定律,这三个定律由牛顿在 1687 年于《自然哲学的数学原理》一书中总结提出。其中,第一定律说明了力的含义,即力是改变物体运动状态的原因;第二定律指出了力的作用效果,即力使物体获得加速度;第三定律揭示出力的本质,即力是物体间的相互作用。牛顿运动定律中的各定律互相独立,且内在逻辑符合自洽一致性。其适用范围是经典力学范围,适用条件是质点、惯性参考系及宏观、低速运动物体。牛顿运动定律阐释了牛顿力学的完整体系,阐述了经典力学中基本的运动规律,因此其在边坡工程中的应用也最为广泛。

牛顿第一运动定律最为普遍的表达方式为一切物体在没有受到力的作用时,总保持匀速直线运动状态或是静止状态,除非作用在它上面的力迫使它改变这种运动状态。牛顿第一定律指导我们在边坡稳定性分析时,需要找到改变边坡由稳定到破坏的力源,这个力可能来源于地震、地下水或人为活动等外界环境因素,也可能来源于边坡本身内在性质的变化。因此,力学参量的监测有助于找到边坡发生破坏的力源，进而在稳定性评价和监测预警方面产生积极的效果。

牛顿第一定律给出了一个没有加速度的参考系（惯性系），使人们对边坡稳定性的研究有了科学依据，当抗滑力等于下滑力时，则边坡处于极限平衡状态；而当抗滑力小于下滑力时，则边坡失去平衡稳定状态。

牛顿第二运动定律公式可表示为

$$a = \frac{\sum F}{M} \tag{1-1}$$

式中：a 为物体的加速度（m/s^2）；$\sum F$ 为物体所受合外力（N）；M 为边坡危岩块体的质量（kg）。从式（1-1）可以看出，物体的加速度与所受的合力成正比，加速度成为联系物体受力与运动情况的桥梁。

很多滑坡位移监测案例显示破坏后期往往会形成加速破坏的现象，这是由于抗滑力小于下滑力，从而在滑移方向产生合力，滑坡产生加速度，进而被破坏。

牛顿第三运动定律的常见表述是：相互作用的两个物体之间的作用力和反作用力总是大小相等、方向相反，且作用在同一条直线上。牛顿第一定律告诉我们，当坡体处于稳定状态时，抗滑力等于下滑力。在工程实际中，我们往往得到的抗滑力大于下滑力，是因为我们计算的抗滑力是破坏时刻的抗滑力，通常可以不断增加外力，或不断降低抗滑力，基于牛顿第三运动定律来试算找到极限平衡状态时的指标，进而求得安全系数，从而更好地评价坡体的安全性以指导设计。这是牛顿第三运动定律在安全系数计算中的经典应用。

1.3 边坡失稳与加速度

（1）基于牛顿第一定律可知，一切物体在没有受到外力的作用或合外力为零时，总保持匀速直线运动状态（相对静止）或是静止状态。

（2）从运动学的角度看，滑坡从静止到失稳的过程，有时会经历数百年，有时只有短短几秒的瞬间，有的则会经历静止—滑移—再静止—再滑移的有限循环，但无论其运动状态如何，即无论是静止还是滑动，都可以通过加速度的指标来进行表征。当滑坡静止（或相对静止）时，所受的合外力为零，则滑坡的加速度为零；当滑坡运动时，必然受到不平衡力的作用，从而产生加速度，滑坡发生滑动。因此，加速度是区别滑坡运动状态的重要指标。在工程上，有的工程师将位移变化的加速度定义为边坡加速度预警指标，这与本书所描述的瞬时加速度并不是一个概念。

（3）边坡滑动与失稳是边坡运动的两个不同阶段，边坡岩土体出现滑移运动并不意味着边坡失稳，而可能是处于一种相对的动平衡状态，即边坡滑移速度只能指示边坡出现滑移现象，并不能绝对反映边坡的失稳，如蠕滑型滑坡，虽然只是在某时刻发生位移，但总体仍处于相对稳定状态；同时，失稳时可能滑动速度很小，如岩质边坡失稳时，其启动速度为零，但加速度很大。

（4）基于牛顿第二运动定律可知，导致边坡失稳的加速度是存在一个不平衡力的作用的结果，因此，从运动学的角度来看，可以将导致边坡失稳的不平衡力分为四种情况，即下滑力突变、下滑力缓变、抗滑力突变和抗滑力缓变。

（5）当下滑力和抗滑力发生突变时，会产生较大的不平衡力，从而产生较大的加速度，可能产生失稳破坏；而当下滑力与抗滑力发生缓变或是反复时，则会产生较小加速度，进而发生滑动，但随着下滑力和抗滑力的恢复，又重新产生新的力平衡，则不导致失稳破坏。

（6）因此，加速度是评判边坡（滑坡）运动（滑动）与失稳的主要控制指标，其公式如下：

$$a = \frac{F_{下滑} - F_{抗滑}}{M} \qquad (1-2)$$

式中：$F_{下滑}$ 为下滑力（N）；$F_{抗滑}$ 为抗滑力（N）。

如果 $a>0$ 时，则表示边坡下滑力较大，则边坡丧失力的平衡，产生失稳；而反之则不会产生失稳。边坡加速度的变化反映了边坡受力状态的变化，从而反映边坡失稳的趋势或者状态的变化。因此在边坡失稳动力学中，加速度指标的分析是至关重要的。

另外，工程中一般采用施加一个激振冲击力来对物体的振动情况进行采集分析，从而得到相应的动力学指标，其中激振冲击时的加速度也是一个重要的评价指标。

基于牛顿第二定律可知，当一个冲击力作用于物体时，其初始加速度可表示为

$$a = \frac{F_{冲击} + F_{下滑} - F_{抗滑}}{M} \qquad (1-3)$$

式中：$F_{冲击}$ 为激振冲击力（N）。

假设边坡的稳定性系数为 SF，$F_{抗滑}$=SF·$F_{下滑}$，冲击系数为 CF，CF=$F_{冲击}/F_{下滑}$，则公式可表示为

$$a = \frac{F_{下滑}}{M}(CF+1-SF) \tag{1-4}$$

冲击时加速度指标与冲击系数成正相关，与安全系数成负相关。假设冲击系数、下滑力与质量不变，则冲击产生的加速度可以用来表征边坡的安全系数。通常，边坡体的安全系数与岩土体或滑动面的黏结力与摩擦角有关，因此可以建立冲击加速度与边坡体内部黏结程度的关系。

1.4　边坡失稳动力学特征

边坡从稳定、破裂、微动、形变、位移、加速位移到失稳破坏的过程是一个动态变化的过程，在这个过程中，其失稳前兆特征十分明显。岩土体可以被认为由刚度、质量、阻尼等物理参数组成的力学系统，从而可以通过动力学的原理和方法来解决边坡失稳预警问题。一旦岩土体发生损伤，必然引起系统物理力学特性的变化，进而导致边坡动力学指标的变化，这些动力学指标可以为边坡安全提供早期预警。如图 1.1（a）所示，边坡块体在扰动损伤后，其黏结程度不断下降，首先会在振动时域特征上会有所反应，同时，不稳定边坡块体的振动波形和粒子轨迹与稳定岩体特征相差甚远。

另外，在稳定性评价方面，动力学的监测参数可以对边坡的力学参数进行间接的计算和评价，从而实现基于监测数据的边坡工程动态稳定性评价。根据结构动力学理论，物体的固有振动频率可定量反映出结构内部的力学参数变化。依据前期模型试验、应用案例和建立的简化岩体的等效黏结力与固有振动频率关系的理论模型可知，实测的固有振动频率可以定量反映危岩块体的损伤指标，如图 1.1（b）所示。

可见，边坡块体在受到自然或人为外力扰动后，可以从振动特性，如波形、粒子轨迹和振幅等时域指标，直接定性识别不稳定块体与稳定岩体；同时基于固有振动频率、重心频率等频域指标的定量解析，可以判识抗滑力的损伤程度并得到动态变化的物理力学参数，实现边坡动力稳定性的实时监测。

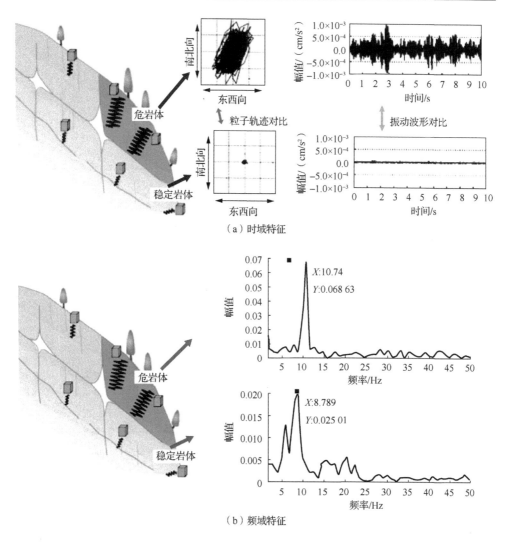

（a）时域特征

（b）频域特征

图 1.1　边坡岩体振动特征示意图

1.5　边坡失稳的关联指标

　　虽然在边坡失稳动力学方面有很多可喜的研究成果，然而在边坡工程的稳定评价和监测预警中应用较少，归其原因主要有以下三点：一是边坡稳定安全系数的定义深入人心，通常都把边坡失稳作为静力学问题来对待，因此发展较为缓慢；二是动力学研究需要更准确的动力学特征采集，现有监测方法及传感器难以满足；三是基于静力学的边坡稳定性评价理论方法相对完备，而基于动力学的边坡稳定性评价体系还未形成，这也是目前将边坡失稳动力学分析归于静力学分析中一种外加力考量的原因所在。

边坡失稳从静止（或相对静止）到运动的过程，其物理力学参数、动力学特征和运动学特征会随之变化，为研究这些指标与边坡失稳动态过程的关系，本书整理了与边坡稳定关联的静力学指标、运动学指标及动力学指标，并简要说明它们与边坡稳定和失稳的关系，如表 1.1 所示。

表 1.1   边坡失稳的关联指标

指标类型	指标含义	指标总结	指标与边坡稳定的关系
静力学指标	边坡体所受的作用力	岩土体应力（土压力、地应力），水（渗透）压力，支护加固力（锚索应力、钢筋应力），地震力等	边坡体所受作用力的变化直接改变其平衡状态
	边坡岩土体的物理力学参数	密度、内摩擦角、黏结力、弹性模量、泊松比、抗拉强度等	边坡岩土体内部损伤会引起物理力学参数的变化
运动学指标	边坡体运动的（几何）特征	地面与深部位移量、位移方向、位移变化率、位移变化加速度；地面与深部倾斜量、倾斜方向、倾斜变化率、倾斜变化加速度	边坡体的失稳阶段，其运动的几何特征会发生改变，且临近破坏时会发生明显的突变
动力学指标	边坡体的动力（响应）特征	固有频率、阻尼比、振型等模态特征，瞬时速度、加速度（响应）的时域特征（幅值、偏斜度等）、频域特征（重心频率、均方频率等）及相平面特征（振动粒子轨迹特征等）	随着边坡岩土体物理力学参数的变化，其动力特征亦会发生改变，而接近破坏时会发生明显的突变，且时效性优于运动学指标

从表 1.1 三方面的指标可见，过去我们在边坡稳定性评价方面主要采用了静力学指标，而在边坡的失稳监测预警方面主要采用了运动学中的位移类指标。我国大量的边坡工程实践经验及传感物联网技术的发展，为我国建立自主的边坡动力学稳定理论及监测预警方法奠定了基础。

边坡失稳动力学研究是未来的研究趋势，因为通过引入新的监测指标和技术手段可以使人们在边坡稳定性评价上进一步与客观规律相符。相比较于边坡失稳静力学，边坡失稳动力学倾向于从模态特征、振动的时频域特征等方面进行研究，涉及工程力学、工程数学、工程地质学等多个学科，包含边坡的振动响应、损伤识别、稳定性评价和监测预警等多个方面，有着较为广泛的关联参数。与边坡失稳动力学相关联的研究在前期也有着较为扎实的研究基础，其中包括地震下的边坡工程问题研究、基于动力学指标的边坡稳定评价、边坡振动监测设备与预警技术等。以损伤识别为例，相比较于静力学监测指标，基于动力学的监测指标可以实现岩体的损伤识别与模糊评价。相关研究也表明，固有振动频率等动力学监测指标在理论研究、室内试验和初期应用实践等方面可以为岩体的损伤识别和安全评价提供新的技术支持[1-5]。一方面可以定量识别岩体的损伤，识别边坡破坏前的动力破坏前兆；另一方面也促进了基于输出模态损伤识别技术的安全评价方法的发展，为工程现场形成一套考虑累计损伤的实时安全评价和早期预警方法提供技术支持。未来，随着动力学理论和专业传感设备的不断发展，边坡失稳动力学研究和应用必将取得飞跃进步。本书作者谨以此书抛砖引玉，希望推动边坡失稳动力学的理论研究发展、物联网传感技术与预警技术的实用化。

2 边坡失稳动力学稳定性评价

2.1 概 述

目前边坡稳定分析的方法很多，不同类型方法都有与之对应的力学模型和分析方法，从早期的圆弧分析法到岩质边坡的 Sarma 法，从连续单一介质力学方法到基于渗流等的不连续面多介质耦合分析，分析的精度和时效性都得到了大幅度提高。但由于模型参数获取困难及静力学指标损伤识别方面不足等原因，在计算边坡体安全性方面过于保守，经常出现安全系数小于 1，实际却是稳定的现象，或是在一些山坡中虽然安全系数远大于 1，但是仍出现失稳破坏的情况。这些都是边坡静力学稳定性评价方法难以解决的问题，其理论的突破有赖于边坡失稳动力学理论的研究。边坡失稳动力学的稳定性评价方法主要基于振动力学与损伤识别等理论，对边坡工程进行动态的稳定性评价。

2.2 边坡失稳动力学稳定性评价模型

岩土体实际是一个复杂性的系统，以某一局部或某一时间段内测量的相对静态的力学参数来反映整体或全周期下边坡体的动态稳定性，必然会有其局限性和不完善性。实际上，边坡岩土体往往在受剪切、拉伸破坏的同时，也伴随着强度的实时退化。因此，对边坡体强度的实时折减，是动态稳定性评价的瓶颈所在。

边坡体安全系数可以定义为使边坡体刚好达到临界破坏状态时对岩土体的剪切强度进行折减的程度。通过逐步减小抗剪强度指标，将黏结力 c、内摩擦角 φ 同时与折减系数 ω 一起运算，从而得到一组新的强度指标 c'和 φ'，反复计算直至边坡达到临界破坏状态，这就是强度折减基本原理。

$$c' = \frac{c}{\omega} \tag{2-1}$$

$$\tan \varphi' = \frac{\tan \varphi}{\omega} \tag{2-2}$$

边坡的失稳通常是由荷载增加或岩土体强度参数降低两种形式引起的。荷载增加条件下的失稳破坏采用荷重增加法进行分析，而强度折减法则主要是模拟岩土体强度降低而造成的失稳机制。强度折减法是计算岩土体强度安全储备能力的一种方法，采用了数值方法和本构模型等现代岩土力学的技术和理论，主要关注的是强度安全储备。

岩土体从稳定到失稳破坏是一个渐进的失稳变形的过程，岩土体在不同应力环境下，不可避免会发生损伤破坏，其材料抵御变形和破坏的能力也在逐渐劣化，即黏结力和内摩擦角等基本力学参数是随时间逐渐改变的，故可引入实测动力学参数来对岩土体物理力学指标进行动态修正，从而快速得出危险边坡体的安全系数指标。这是基于振动特征参数（如固有频率）折减方法的基本思路。

通过边坡失稳动力学的相关研究，动力学的指标在某种程度上可以从另一角度表征岩体的损伤演化性质，即可以表征一种材料特性的劣变过程。引入内变量（损伤因子）来表征岩土体的力学性状劣化，可更加直接而客观地反映岩土体的非线性黏性时效特征。

以倾倒式危岩体为例，简化力学模型及其动力学模型分别如图 2.1 和图 2.2 所示。

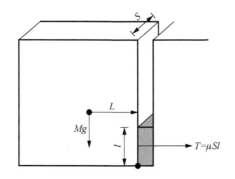

图 2.1　倾倒式岩体简化力学模型

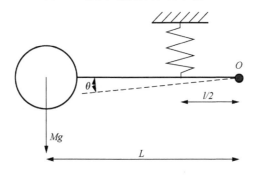

图 2.2　倾倒式岩体动力学模型

由结构动力学原理可知，振动方程为

$$ML^2\ddot{\theta} + \frac{\mu Sl^2}{2}\theta = 0 \qquad (2\text{-}3)$$

其频率方程如下：

$$f = \frac{1}{2\pi}\sqrt{\frac{\mu Sl^2}{2ML^2}} \qquad (2\text{-}4)$$

式中：L 为型心到原点 O 的距离（mm）；μ 为黏结系数（N/mm^2）；S 为黏结宽度（mm）；l 为黏结长度（mm）；θ 为转角（°）。

某一时刻黏结力可表示为

$$T_i = \mu_i SL \qquad (2\text{-}5)$$

式中：T_i 为某一时刻岩块抗滑力；μ_i 为各阶段黏结系数（N/mm^2）。

由式（2-4）可得到

$$\mu' = \mu\left(\frac{f'}{f}\right)^2 \qquad (2\text{-}6)$$

式中：μ 与 μ' 分别为扰动前后黏结系数（N/mm^2）；f 与 f' 分别为扰动前后测得的固有振动频率（Hz）。

因此，基于结构动力学原理可得，黏结力与固有振动频率的平方成正比。在确定初始黏结力和初始振动频率后，可实现基于实测数据指标的动态参数安全系数解析的可能。从边坡失稳动力学的角度，引入动力学监测指标，可以有效解决目前实际应用中应力折减系数难以测得的问题，这使得强度折减更加趋于实际情况，使得数值模拟稳定性评价方法可以实现边坡实时稳定性分析。

2.3　边坡失稳动力学稳定性评价方法

2.3.1　定量评价

从边坡失稳动力学的角度，引入固有振动频率这一动态指标，将边坡的黏结力（黏结面积）参数调整作为研究对象，对模态参量进行修正，同时结合极限平衡模型，分析基于实时监测数据指标的动态参数解析解，为边坡岩土体稳定分析方法提供新的思路。

通过引入固有振动频率，在某种程度上可从另一角度表征岩土体的损伤演化性质，即可表征一种材料特性的劣变过程。通过式（2-6）对黏结力（黏结面积）进行折减，通过采用损伤力学方法来研究岩体的劣化力学行为，反映岩土体的损伤演化实际，从某种程度上会更加接近岩土体的非线性黏性时效特征，从而实现边坡安全系数的动态分析计算[5]。

（1）边（滑）坡

$$K = \frac{cA\left(\dfrac{f'}{f}\right)^2 + W\cos\alpha\tan\varphi}{W\sin\theta} \qquad (2\text{-}7)$$

式中：K 为安全系数；W 为边坡岩（土）体自重（kN）；A 为黏结面面积（m²）；c 为黏结面黏结力（kPa）；φ 为黏结面内摩擦角（°）；θ 为黏结面的法线方向角（°）。

（2）弹簧质子型危岩体

$$K = \frac{(W\cos\alpha - P\sin\alpha - V)\tan\varphi}{W\sin\alpha - P\cos\alpha} + \frac{4\pi^2 f'^2 cHM}{E(W\sin\alpha - P\cos\alpha)\sin\alpha} \qquad (2\text{-}8)$$

式中：V 为裂隙水压力（kN）；P 为振动荷载（kN）；H 为黏结面厚度（m）；α 为黏结面倾角（°）；E 为黏结面弹性模量（kPa）。

（3）摆型危岩体：

$$K = \frac{Wa\sin\beta + 2\pi(H-h)f' f_{lk}\sqrt{\dfrac{2ML^2A}{E}}}{Ph_0\sin\beta + \dfrac{h_w V}{3} + V(H-h)} \quad （重心在倾覆点内）\qquad (2\text{-}9)$$

$$K = \frac{2\pi(H-h)f' f_{lk}\sqrt{\dfrac{2ML^2A}{E}}}{Wa\sin\beta + Ph_0\sin\beta + \dfrac{h_w V}{3} + V(H-h)} \quad （重心在倾覆点外）\qquad (2\text{-}10)$$

式中：f_{lk} 为危岩块体结构面抗拉强度（kPa），根据岩石抗拉强度乘以 0.4 的折减系数；β 为后缘裂隙倾角（°）；h_w 为裂隙水深度（m）；A 为危岩块体结构面宽度（m）；H 为后缘裂隙上端到未贯通段下端的垂直距离（m）；h_0 为危岩体重心到倾覆点的垂直距离（m）；β 为后缘裂隙倾角（°）；a 为危岩体重心到倾覆点的水平距离（m）；L 为边坡危岩块体质心到黏结面质心距离（m）。

另外，可在数值模拟中实现不断劣化的边坡岩体安全系数的动态评价。例如，通过 GIS 系统的三维分析模型可将 Hovland 三维模型、扩展 Janbu 三维模型、扩展 Bishop 三维模型和修正的 Hovland 三维模型等公式进行动态修正，同时集成到 3Dslope 软件对滑坡安全系数进行实时有效计算[6-7]。

2.3.2 定性评价

根据试验研究可知，通过固有振动频率可定量计算边坡与基座滑动面积，进而计算边坡稳定性系数；同时，边坡滑动面积还与边坡粒子轨迹、阻尼比、固有振动频率对应最大速度之间存在负相关关系，可以通过这些边坡动力特征参数实现边坡稳定性的定性判断。对边坡稳定性与其动力特征关系进行总结可得到基于动力特征参数的边坡稳定性模型[8]，详见表 2.1。

表 2.1　基于动力特征参数的边坡稳定性模型

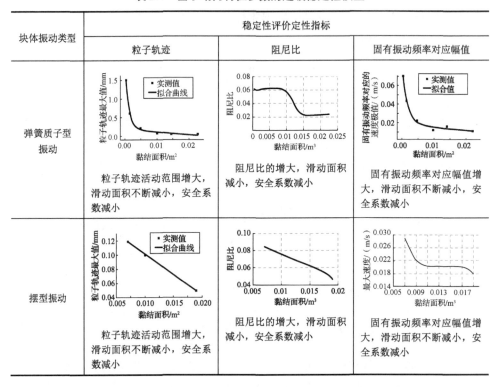

块体振动类型	稳定性评价定性指标		
	粒子轨迹	阻尼比	固有振动频率对应幅值
弹簧质子型振动	粒子轨迹活动范围增大，滑动面积不断减小，安全系数减小	阻尼比的增大，滑动面积减小，安全系数减小	固有振动频率对应幅值增大，滑动面积不断减小，安全系数减小
摆型振动	粒子轨迹活动范围增大，滑动面积不断减小，安全系数减小	阻尼比的增大，滑动面积减小，安全系数减小	固有振动频率对应幅值增大，滑动面积不断减小，安全系数减小

2.4　试验及应用案例

2.4.1　试验案例

边坡破坏是一个渐进的失稳变化过程，岩土体在不同应力环境下发生损伤破坏的过程中，其材料抵御变形和破坏的能力在逐渐劣化，即瞬时基本力学参数黏结力等是随时间逐渐改变的，故可引入实测固有振动频率来对模态参数中的黏结力指标进行动态修正，从而快速得出边坡岩土体的安全参数。

简化滑坡模型如图 2.3 所示，滑体与基座之间为潜在滑移面，该滑移面的黏结力随着时间推移逐渐减弱。通过激光测振仪定向监测滑体的固有振动频率可定向反映滑坡潜在滑移面的黏结力变化。滑体自计时起，245s 后发生破坏，设备分别记录了 40s、100s、200s 和 220s 时的振动情况。图 2.4 为激光测振仪测得的振动速度曲线及经过傅里叶变换后的振动速度谱。

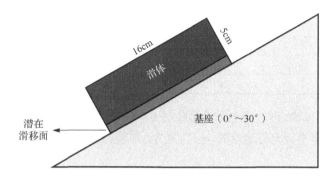

图 2.3　滑坡模型

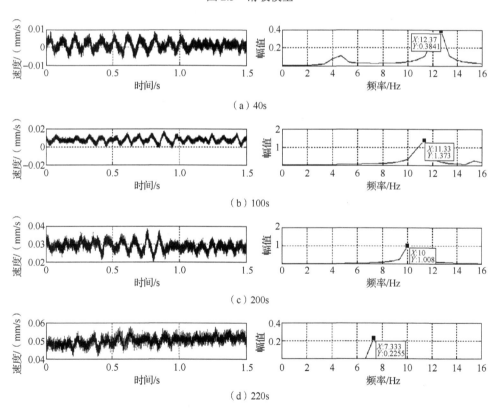

图 2.4　振动速度曲线及经过傅里叶变换后的振动速度谱

已知潜在滑移面初始黏结力为 **27.8kPa**，对应 40s 时的固有振动频率，通过式（2-4），基于测得的固有振动频率可知在 100s、200s 和 220s 时的黏结力并求得安全系数。试验结果如表 2.2 所示。

表 2.2 试验结果

测量时间/s	频率/Hz	黏结力/kPa	安全系数
40	12.37	27.8	1.776
100	11.33	22.2	1.348
200	10.00	17.3	1.146
220	7.33	9.2	1.004

当时间到达 220s 时，安全系数已经趋于 1，随后发生破坏下滑，模拟与实际结果相符。因此，基于固有振动频率可以为黏结力等模态参数的调整提供客观数据支持。

2.4.2 应用案例一

案例研究选取位于日本长崎县西北向南东倾斜的小型滑坡。该坡坡度自上而下为 35°～15°，接近坡脚地带又变陡。边坡发育在侏罗系碎屑岩中，岩性为中厚层粉砂岩夹粉砂质泥岩、页岩，倾向与斜坡坡向基本一致，构成顺向坡。6 月 21 日～7 月 1 日，地区总降雨量为 162.7mm。

图 2.5 为激光测振仪分别在扰动前后监测的边坡振动历时曲线和振动速度谱。图中示出左侧分别为两次时间段测得的振动速度历时曲线，右侧为经过变换后的振动速度谱。如图 2.5 可知，扰动前（3 月 16 日）边坡固有振动频率为 10.74Hz，而经过暴雨扰动之后，7 月 16 日的固有振动频率降低为 8.789Hz。

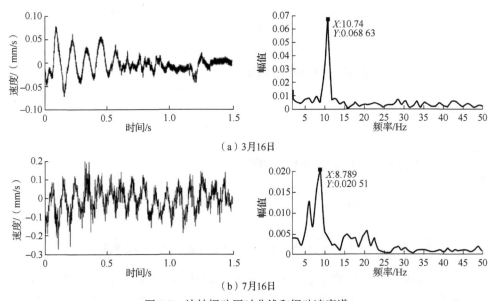

（a）3月16日

（b）7月16日

图 2.5 边坡振动历时曲线和振动速度谱

稳定性计算参数如表 2.3 所示。由于大雨对潜在滑移面中影响最大，只对不易测得的潜在滑移面的黏结力进行折减。

表2.3 稳定性计算参数

模型	3 月 16 日			7 月 16 日		
	重度/（kN/m³）	黏结力/kPa	摩擦角/（°）	重度/（kN/m³）	黏结力/kPa	摩擦角/（°）
潜在滑体	24.2	23.2	25.1	25.8	23.2	22.3
潜在滑移面	19.7	17.2	16.8	21.2	11.5	16.8
滑体	25.8	4 500	42.5	26	4 500	42.5

在现场测得的固有振动频率有效修正潜在滑移面上的黏结力之后，根据基于 GIS 系统的三维分析模型和修正后的黏结力分别用 4 种模型计算其安全系数，三维安全系数统计表如表 2.4 所示。

表2.4 三维安全系数统计表

时间	Hovland 三维模型	扩展 Janbu 三维模型	扩展 Bishop 三维模型	修正的 Hovland 三维模型
3 月 16 日	1.259	1.292	1.278	1.273
7 月 16 日	1.052	1.077	1.069	1.06

2.4.3 应用案例二

案例选取在北京白河堡水库，水库由大坝、溢洪道、导流排砂泄洪洞、输水洞等建筑物组成。大坝长 294m，坝高 42.1m，是北京市首次采用机械上坝的黏土斜墙坝。河床及两岸岩体为凝灰角砾岩、砂砾岩及灰岩。由于水库建设开挖，形成岩质边坡，边坡岩体稳定问题严重威胁着水库建筑物的安全。

1）测点选择

通过激光测振仪，在白河堡水库左右岸坡对边坡危岩块体进行快速识别，最终选取 4 个典型危岩块体（1 号～4 号），1 号为滑移型边坡危岩块体，2 号为坠落型边坡危岩块体，3 号和 4 号为倾倒型边坡危岩块体，如图 2.6～图 2.9 所示。

图 2.6　1 号危岩块体

图 2.7　2 号危岩块体

图 2.8　3 号危岩块体

图 2.9　4 号危岩块体

2）边坡危岩块体动力学特征分类

根据现场岩块体的特征，将 1 号危岩块体和 2 号危岩块体定义为弹簧质子型振动边坡危岩块体，如图 2.10 和图 2.11 所示。3 号危岩块体和 4 号危岩块体定义为摆型振动边坡危岩块体，如图 2.12 和图 2.13 所示。基于现场调查与岩样的室内试验结果，1 号～4 号边坡危岩块体相关参数如表 2.5 所示。

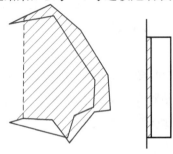

图 2.10　1 号危岩块体动力学特征分类

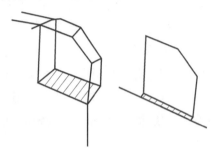

图 2.11　2 号危岩块体动力学特征分类

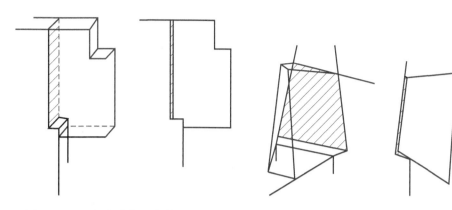

图 2.12　3 号危岩块体动力学特征分类　　　图 2.13　4 号危岩块体动力学特征分类

表 2.5　边坡危岩块体相关参数

块体编号	弹性模量/MPa	抗拉强度/ MPa	质量/kg	黏结面厚度/m	力臂/m	后缘角度/(°)
1	200		189	0.05		
2	200		5 197.5	0.1		
3	200	2.0	147 420		0.3	85
4	200	2.0	8 262		0.36	90

块体编号	宽度/m	长度/m	主控结构面倾角/(°)	非贯通段黏结力/kPa	贯通段黏结力/kPa	重心到下底距离/m
1	0.5	0.2	90	15.0	5.0	
2	2.5	1.1	30	15.0	5.0	
3	3.9	2				3.5
4	1.2	1.5				0.85

3）监测数据分析

现场采用激光测振仪对边坡危岩块体进行动力特征参数测量，为了提高信噪比，采用激振器进行人工激振，测量得到 1 号~4 号危岩块体的频域图，如图 2.14 所示。

从图 2.14 中可知，1 号危岩块体固有振动频率为 33.125Hz，对应的速度极值为 0.003 0m/s。2 号危岩块体固有振动频率为 80.938Hz，对应的速度极值为 0.001 5m/s。3 号危岩块体固有振动频率为 35.000Hz，对应的速度极值为 0.002 8m/s。4 号危岩块体固有振动频率为 13.750Hz，对应的速度极值为 0.000 8m/s。

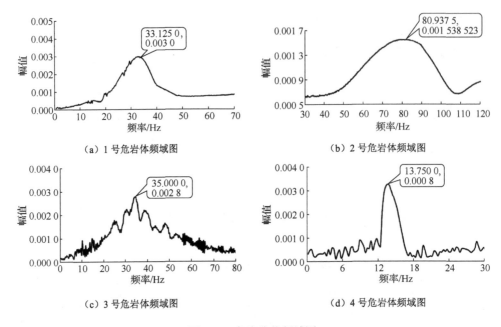

图 2.14　危岩块体频域图

4）固有振动频率与安全系数关系及边坡危岩块体识别

根据现场勘查，现场四个危岩块体均不存在裂隙水压力，地震烈度 8 级，考虑采用 0.05 倍振动荷载作用在危岩块体上。得到 1 号～4 号岩块体的安全系数，计算结果如表 2.6 所示。

表 2.6　边坡危岩块体稳定性计算结果

编号	黏结面积/m²	安全系数	防治安全系数	稳定性类别
1	0.020	1.40	1.300	基本稳定
2	1.008	22.06	1.300	稳定
3	3.580	3.75	1.600	稳定
4	0.100	1.31	1.600	潜在不稳定

通过基于激光测振仪的快速识别和安全评价模型计算，2 号和 3 号边坡危岩块体的安全系数远大于防治安全系数。1 号边坡危岩块体的安全系数接近防治安全系数，4 号边坡危岩块体的安全系数小于防治安全系数。因此，通过快速识别，确定 1 号和 4 号为潜在边坡危岩块体。

3 基于动力学分析的边坡失稳早期预警

3.1 崩塌失稳破坏的早期预警

边坡的瞬时崩塌破坏在岩土工程界最为常见，但在监测中成功预警的实例却很少。其原因主要在边坡上的危岩体监测中，往往是通过静力学指标（如变形、应力等）或是环境量指标（如地下水、降雨量等）来进行监测。通过静力学指标，虽然可以识别其破坏，但是预警的时效性有待进一步商榷；而通过对诱发因素等环境量指标的监测预警，虽然可以识别其风险，但是预警的科学性和准确率存在一定不足。因此，这些指标在土质滑坡或泥石流等塑性破坏灾害的早期预警方面可以发挥一定作用，但是在崩塌等脆性破坏灾害的早期预警实现方面存在一定差距，而发展与脆性破坏灾害相适应的监测预警体系和预警方法，是实现边坡崩塌早期预警的关键所在。

基于破坏结果的位移监测和降雨量等环境量监测指标，在对于崩塌等脆性灾害的早期预警方面具有一定局限性，主要有以下两个方面制约。

一是早期预警的思路存在明显的缺陷。土质滑坡与崩塌破坏特征对比如图 3.1所示。从图 3.1 可以看出，土质滑坡等塑性灾害加速破坏阶段较长，破坏前有明显的破坏前兆，如位移增大等，且其前兆异常事件与其发生时刻有较大的时间差，因此可以部分实现早期预警；而崩塌破坏加速破坏阶段时间很短，虽然关注破坏阶段并对其破坏前兆进行识别可以实现其破坏时刻的准确识别，但没有充分的预警避险时间，很难达到早期预警的目的。因此，基于位移加速破坏前兆识别的早期预警思路来应对崩塌等脆性破坏灾害具有明显的不适用性。

二是取用的监测指标不能满足脆性破坏早期预警的需要。岩块体崩塌多是岩体与边坡岩体黏结程度不断降低而最终导致的动力破坏。在这个变化过程中，高精度的位移量监测及相应的环境量监测虽然在识别崩塌的结果上具有一定的效果，但是在预警时效性、正确率和准确性方面不合适。以位移变形为例，可以根据位移-时间曲线，提出不同尺度的时间预测预报模型和方法，如采用速度倒数模型或斋藤迪孝模型等，但是因崩塌加速变形阶段的快速性和突发性，使其很难满足在加速变形前实现崩塌的早期预警。

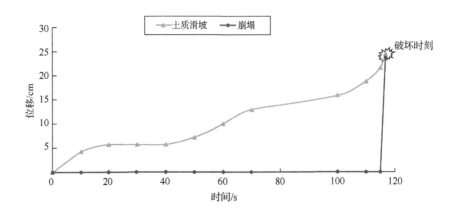

图 3.1　土质滑坡与崩塌破坏特征对比

因此，转变目前的预警思路，并建立与脆性破坏相适应的早期预警指标体系，是岩体崩塌等脆性破坏早期预警的必然选择。越来越多的研究表明，边坡上的岩块体崩塌等脆性破坏多是系统不稳定导致的动力破坏，且发生破坏时的动力学指标前兆现象十分明显。因此，选取合适的预警思路并建立含有动力学监测指标的预警体系，才能有效改变目前崩塌灾害监测被动看结果的状态。

3.2　边坡失稳预警监测的关键指标

通常，结构可以被认为是由刚度、质量、阻尼等物理参数组成的力学系统。一旦结构发生损伤，必然引起系统物理特性的变化，进而导致动力学监测指标的变化。基于结构动力学，通过选取合理的动力学监测指标，将测得的动力特征参数与基准值做比较，对结构损伤进行定性乃至定量分析，是最为典型的损伤识别方法。因此，针对岩体脆性破坏灾害，需建立与之相适应的相关预警指标体系。大量案例证明，相对单一的预警指标虽然可以在具体的工程应用中起到一定作用，但是暴露的缺点也是毋庸置疑的。以单一位移指标为例，无法实现崩塌等脆性破坏的早期预警，但通过频率等多指标监测，可识别其分离阶段破坏前兆，从而可以实现对崩塌等脆性破坏的早期预警识别。另外，以单一的应力指标和应力-频率多指标对比为例：在单一的应力监测中，监测指标不能主动识别主控结构面的损伤，因此导致预警的显著滞后[9]，如彩图 1 所示。基于应力-频率多指标对比分析，对应力的预警指标进行动态调整，可实现岩土体在地震及环境发生重大变化下的内部损伤和健康状况的评估，基于频率的早期预警如彩图 2 所示。

因此，多监测指标的相互验证与结合，可以提供更好的预警效果，而开发一套与崩塌灾害早期预警相适应的多指标监测指标体系，是目前工程监测发展的主流方向之一。北京科技大学相关团队在崩塌灾害的早期预警方面，已开发了一套多监测指标的岩石边坡稳定性评价系统，并开始在工程中进行应用[10-11]。这套最新的系统不仅引入了固有振动频率、阻尼比等动力学监测指标，还提出了一种新的岩石边坡稳定性评价方法：基于动力学监测指标的安全评价方法，将工程实际测量参数与安全评价指标进行直接对接，为工程安全监测提供了相对丰富的指标体系。

实际上，边坡土体是一个不平衡、不稳定、充满复杂性的系统，虽然振动频率等动力学指标的引入使得人们在边坡失稳早期预警时效性上前进了一步，但不可否认的是，仅仅依靠目前相对有限且孤立的监测指标，来实现诸如危岩等复杂系统的早期预警仍存在诸多差距，还需要不断探索实践。这不仅需要与其他传统监测数据进行综合分析和相互校准，同时还需要更多新的技术理论和专业设备来进行不断补充和完善，才能实现崩塌等在各参数量的早期预警水平进步中实现质的飞跃。

从国内外的工程实践和目前研究结果来看，基于固有振动频率等的动力学指标监测，可以快速得到结构力学指标的变化，判定岩体是否存在扰动，并对安全系数进行动态的定量分析，因此可以初步形成一种相对丰富的监测预警指标体系：基于动力学指标监测、静力学指标监测和运动学指标监测的三位一体的监测预警指标体系，从而提高现有崩塌灾害时空预测与早期预警的效率和水平[12]。

从理论上看，岩土体从静止到破坏，经历了物理力学参数变化、动力学特征参数变化及运动学指标（破坏的结果）的变化，三位一体的监测指标体系可以适应于任何岩土体的安全失稳监测预警，只是相应的定量模型和预警时间尚存一些差异。

实际上，制约动力学监测指标在工程监测的应用更多来自于传感设备层面。然而近几年，随着光学测振技术的发展，尤其是基于激光多普勒原理的测振设备的引入，使得危岩体远程振动监测成为可能，而这在 10 年前是不可想象的。

由于监测现场地质条件复杂且有巨大危险性，这种非接触的采集方式更能保证测试人员的安全。同时其精度和灵敏度的提高，以及数据处理流程的进一步简化，也使得灾害监测和预警的时效性和科学性大大提升，以最新的激光测振仪为例，其速度分辨率已可达 $0.5\mathrm{mm \cdot s^{-1}}$，可满足工程所需的精度要求。新的测振技术的发展，使得动力学指标的监测在岩土工程领域成为可能，还可为如下研究领域提供新的技术支持：①有限元动力学分析的进一步发展；②基于有限元在损伤

方面的实时模拟与实例验证;③定义相对稳定的岩体与危岩体,实现广域危岩体
的快速识别;④基于动力损伤识别技术的危岩体稳定性评价等;⑤其他基于动力
学特征的构筑物稳定评价。

更为重要的是,动力学监测指标引入,使得危岩体的模糊识别成为可能。由
于边坡上的岩块体崩塌等脆性破坏多是系统不稳定导致的动力破坏,相比较于位
移监测指标,基于固有振动频率等振动特征指标在损伤识别和崩塌破坏前兆识别
方面具有潜在优势:一方面在潜在危岩块体的判识、稳定性评估等方面可以提供
与力学指标相关联的数据参考,实现基于理论模型和安全稳定分析的预警;另一
方面可实现破坏前兆现象识别,即从动力学和损伤力学等多方面实现其结构面黏
结程度的定量分析在未知的结构模型下,通过高精度的振动监测设备依然可以检
测模态损伤位置和损伤程度的信息,这些是其他常规监测所无法比拟的。传统的
稳定性评价往往需要详细和可靠地描述岩体的内部特征,而由于这些内部特征不
易获取,只能定性识别。而作为未来边坡监测的发展方向,模糊识别技术的发展
可为岩块体的动态稳定分析提供新的数据支持。这些新的监测参数经过严格校准
可准确地分析完整的岩石力学变化机制,从而集成基于模糊识别的崩塌灾害智能
监测系统,使得基于稳定性分析与前兆识别的早期预警成为可能,进而在崩塌等
具有突发性的脆性灾害防治方面发挥重要作用。诚然在技术推广中,也将面临如
下技术问题。

(1)噪声的影响。由于现场环境的复杂性和仪器的高灵敏度,振动信号不可
避免会存在噪声和误差,如何去除这些误差是工程亟待解决的问题之一。目前降
噪问题主要集中于声学、智能控制、电子学、图像与信号处理及数学等领域,而
针对大型结构的模态参数识别问题还缺少对相关的信号消噪技术的研究。

(2)提取相关的动力学特征参数。由于特征参数受仪器本身振动和大地脉动
的影响较大,如何过滤掉这些影响因素,提取真正的特征参数是另一难题,目前
最新的监测设备虽然可以实现多种监测参量的获取和收集,但获取最有价值的相
关监测参数信息还需进一步研究。

(3)校准体系的建立。虽然大量试验已经得出频率等动力学监测指标与安全
性的关系,但是现实的岩体会存在多种因素对频率的影响。不规则块石的岩性、
几何形态、尺度和空间分布等特征及含水率等因素,甚至是环境温度的变化也会
对边坡的物理力学性质有不同程度的影响,进而为模糊识别带来诸多困难。因此,
如何进行严格校准并实现基于稳定分析的早期预警,还需要进一步的试验和工程
验证。

同时,多种类动力学监测指标的采集和综合分析系统还需要不断进行优化,

例如根据现场技术要求，测量数据必须长期收集，才能为监测预警奠定基础。因此，动力学指标的监测还需进一步克服其在工程中的技术局限性，并进行系统优化，才能在崩塌灾害的应急决策方面发挥更加积极的作用。

3.3　基于动力学分析的边坡失稳预警方法

岩块体在破坏前，一般需要经历两个阶段：一是分离阶段，通常伴随裂隙的扩展、小变形或是小颗粒岩石的掉落等；二是加速破坏阶段，即伴随着潜在破坏面的强度的丧失并产生崩塌破坏。

在过去的几十年时间里，人们在地质灾害的早期预警研究中，更加关注的是位移加速阶段，且预警思路往往也是过多关注于识别位移加速破坏前兆事件，故难以实现崩塌等具有脆性破坏特征灾害的早期预警。基于位移加速破坏阶段监测预警思路，虽然可以实现对崩塌灾害的判识，但是无法实现崩塌的早期预警；而通过分离阶段的早期预警，往往可以实现崩塌的早期预警预防。因此在针对崩塌等脆性破坏中，关注分离阶段前兆识别的预警思路，是实现岩块体崩塌等脆性破坏灾害早期预警的有效手段之一。

表 3.1 为脆性破坏灾害不同阶段的预警效果对比分析。由表 3.1 可知，基于稳定阶段的预警历时太久，无法起到预警作用；而基于加速或破坏阶段的预警，则时效性较差，没有充分的预警避险时间，只能指示崩塌的发生或进行相关反演计算；但在分离阶段或在分离→加速过渡期实施预警，却具有较好的时效性。

表 3.1　不同阶段的预警效果对比分析

阶段	一般持续时间	距破坏时刻	预警时效性
稳定阶段	几十年		太久
分离阶段	多天	10s 以外	合适
分离→加速	数十秒	10s 以外	合适
加速阶段	数秒	10s 以内	差
破坏阶段	数十毫秒	1s 以内	差

由于岩体崩塌等不可控的能量释放可能由一系列小事件引起，从早期预警的实际需求出发，实现并发展基于分离破坏前兆识别的岩块体崩塌灾害预警思路，可为工程现场提供一种相对可行的针对岩体脆性破坏灾害的早期预警思路：应用激光测振等多种监测技术对分离阶段破坏前兆进行早期识别，充分利用"分离阶

段"或"分离→加速阶段"这些脆性破坏的预警黄金时间，进而满足工程应急避险预警的需要，实现崩塌灾害早期预警之目的。

3.4　基于分离阶段破坏前兆识别的试验研究

从早期预警的现实需求上，实现并发展基于分离破坏前兆识别的岩块体崩塌灾害预警思路，是未来崩塌早期预警的发展方向。基于分离破坏前兆识别的预警理论可有效利用早期预警的黄金期具有更好的时效性，可为工程现场提供一种相对可行的崩塌灾害早期预警方法。

为模拟岩块体在累积损伤作用下主控结构面的黏结力随时间推移逐渐减弱的全过程，试验采取新型的冰冻试验方法来模拟岩块体黏结强度不断降低，进而块体发生倾倒破坏的全过程。该方法通过预设的冰层来模拟危岩体与稳定岩体之间的潜在结构面，由于试验环境温度远高于冰点温度，冰层的黏结面积会随着时间的推移不断降低，当抗倾力矩小于重力产生的倾倒力矩时，其将发生脆性崩塌破坏。相对于传统的崩塌破坏试验，该试验方法可以模拟自然界危岩在风化等自然条件下，因黏结强度逐渐丧失后在重力作用下发生崩塌的全过程，从而实现危岩在累积损伤下从稳定到破坏的全过程数据分析和试验研究，模型试验示意图如图 3.2 所示。试验采用 15cm×15cm×15cm 花岗岩块体，并在冷库中冻结 24h 以上，取出后冻结在基岩上，从而形成相对稳定但具有不断弱化结构面的危岩体。试验期间激光测振仪测得某时刻振动历时曲线及频谱图如图 3.3 所示，通过不同时刻监测可得危岩块体破坏全过程的固有振动频率历时曲线。

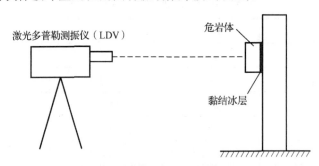

图3.2　模型试验示意图

从计时开始，试验中的危岩块体与稳定岩体之间的冰层不断融化，黏结长度不断降低，先后经历稳定→分离→加速破坏全过程。随着时间推移，块体稳定性不断降低，并最终于 117s 发生破坏。图 3.4 为激光多普勒测振仪监测的固有振动频率曲线。

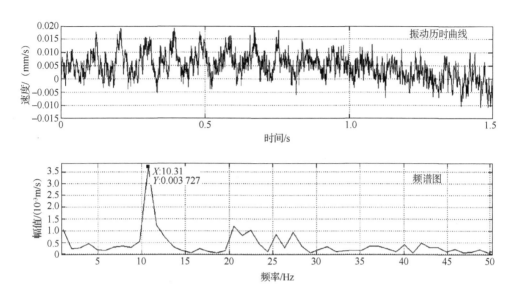

图 3.3　振动历时曲线及频谱图

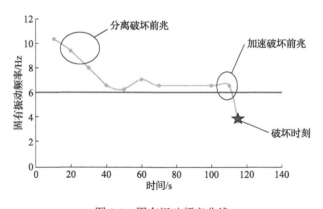

图 3.4　固有振动频率曲线

试验结果显示，随着时间的推移，块体黏结长度不断下降，固有振动频率由起始的 10.31Hz 逐渐下降，当达到 3.75Hz 后，发生破坏。试验中频率指标分别在 50s 和 115s 一度下降到最低值，并分别在分离阶段和加速破坏阶段出现两次异常的破坏前兆。

（1）分离破坏前兆（10～50s）。该期间，黏结的冰层开始大量融化，块体与基岩之间的裂缝宽度加大，下部水体析出。块体黏结层的面积减小，块体与墙体出现剥离，频率指标出现明显下降，并接近预警线（6Hz）。

（2）加速破坏前兆（110～115s）。该期间岩块体频率发生了急剧下降，并达到最低值，且块体出现较大的振动峰值，这预示黏结层的强度发生了质的下降，并趋于破坏边缘。破坏前 2s，频率出现急剧降低，在 115s 时达到最低值，出现加速破坏前兆现象。由于预警的时效性较差，基于位移加速前兆识别的传统的岩块体崩塌监测预警，无法改变岩块体崩塌破坏被动预防的态势。

随着时间推移，试验中的块体稳定性不断降低，并最终于 117s 发生破坏，而频率监测指标分别在 50s 和 115s 一度下降到最低值。基于分离阶段破坏前兆识别提前 67s 实现预警，而基于加速破坏阶段的破坏前兆识别则在破坏前 2s 触发预警。因此，通过分离破坏前兆现象识别，可为岩块体崩塌破坏的早期预警提供新的思路，即通过固有振动频率过程线，实现对岩块体分离阶段破坏前兆识别，提前实现崩塌的早期预警。基于分离破坏前兆识别的监测预警方法，可以实现危岩崩塌的早期预警。

图 3.5 为基于固有振动频率计算的黏结长度及其占比历时曲线。试验发现，黏结层在 50s 时黏结长度下降到 9cm，块体从原有的基岩发生明显剥离。在经历了长达 65s 的分离→加速过渡期后，块体于 115s 发生加速破坏前兆，随后发生崩塌破坏。分离→加速过渡期实际是分离破坏前兆与加速破坏前兆之间的一段时间，而这段时间正是崩塌等脆性破坏灾害的早期预警黄金时间。因此，基于分离阶段破坏前兆识别的预警，可在破坏前 67s 实现岩体分离特征的状态识别，充分利用"分离→加速过渡期"（65s）这一早期预警黄金时间，从而实现崩塌灾害的应急预警和风险规避，为后续崩塌事件的发生进行提前预警与风险防范。

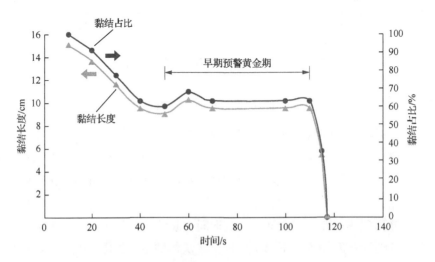

图 3.5　黏结长度及其占比历时曲线

当岩体与基岩发生分离时，黏结长度发生相应下降，同时其固有振动频率也发生相应下降。基于固有振动频率前期监测，可对岩体破坏前的分离破坏前兆进行监测预警。基于此，可形成一种针对崩塌破坏的脆性破坏特征的早期监测预警方法，即从分离破坏前兆识别的角度实现崩塌破坏的早期预警分析。相对于位移加速破坏预警，基于分离破坏前兆识别的预警方法可有效利用"分离→加速过渡期"这一早期预警黄金期，从而提前实现对即将发生破坏风险的岩块体进行早期预警和风险应对，进而减少因崩塌等瞬时破坏灾害造成的人员伤亡和财产损失。

因此，基于试验结果可知，相对于基于位移指标的监测预警方法，基于固有振动频率的分离阶段破坏前兆识别在岩块体崩塌早期预警方面，相比较于传统的位移加速破坏前兆识别的预警思路，可以有效利用分离破坏前兆与加速破坏前兆之间的一段时间，即分离→加速过渡期。这一黄金时间段使得岩体崩塌的早期预警变为可能。根据不同案例黄金时间段的时间长短，可分别提前短则几十秒，长达数十小时的风险应对时间，使得现场有足够的时间应对崩塌灾害。

3.5 基于倾斜形变的边坡失稳预警

基于前期的理论研究与数值模拟分析，边坡开始产生滑坡失稳时，表面倾角的变化敏感性远超过边坡位移或位移速率。本节以大光包滑坡为原型，基于弹塑性土体本构模型的光滑粒子流体动力学方法进行模拟试验[13-14]，对大光包滑坡体表面运动特征进行分析，滑坡前后地点 M 点位置对比如图 3.6 所示。根据滑坡失稳演化过程中地表 M 点的位移、位移速率与地表倾斜角度随时间的变化曲线（图 3.7），在时间 $t = 1.5s$ 前，滑坡处于稳定状态，随着土体强度的弱化，滑体进入加速下滑阶段，此阶段加速度为正值，速度逐渐加大到峰值点（$t = 22.5s$，$v = 44.7m/s$，$s=456.92m$）后，滑体进入减速下滑阶段，直到 $t=51.5s$ 时，滑体达到新的平衡，位移逐渐趋于稳定，可以看出，在滑坡失稳初始阶段，位移和位移速率均有不同程度的突变，但位移速率较位移对于土体的变化更加敏感。此外，在滑坡的始滑阶段，当位移变化还未明显的时候，此时地表已产生较大倾斜，当 $t=0.5s$ 时，此时的角度值已由 0° 突变为 32.90°，当 $t=5s$ 时，地表急剧倾斜，倾斜角度达到 85.2°，在滑坡开始的瞬间，地表点已产生大角度变化，而此时滑坡仅处于初加速阶段，位移与位移速率均未有明显突变。

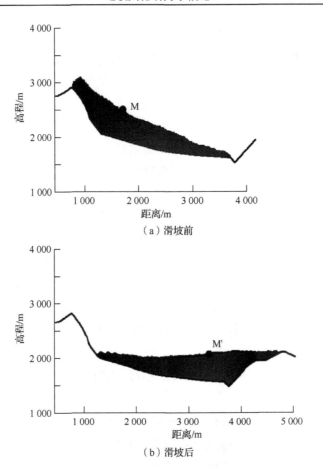

（a）滑坡前

（b）滑坡后

图 3.6　滑坡前后 M 点位置对比

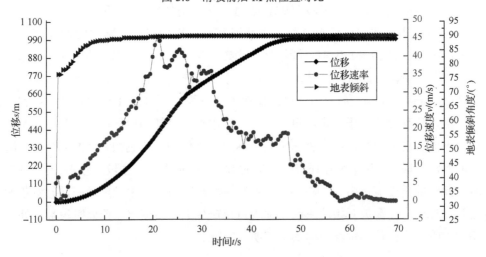

图 3.7　位移、位移速率与地表倾斜随时间变化曲线

综上所述，监测点地表倾斜在位移突变之前早已产生幅度较大的改变，基于倾角突变的边坡临灾监测预警方法比位移或者位移速率监测更加敏感，可以很好地用于边（滑）坡灾害的避灾预警，且基于 MEMS 技术研发的倾角监测系统简单实用，成本低，可自动化实时监测边坡表面形变、振动加速度情况，且利于大面积推广，可为我国地质灾害群测群防体系提供有力保障。

3.6 讨 论

本章描述了边坡安全稳定性与边坡体固有振动频率的定量关系，其他动力学特征参数如阻尼比、粒子轨迹等都与稳定性存在或定量或定性的关系，此外，本书作者仍在研究边坡冲击加速度、突变位移、突变倾斜（或重心偏移度）等指标与边坡稳定的关系模型。

理论上，边坡体冲击加速度和冲击位移与所受外力、边坡体质量和边坡体与母岩体的黏结程度相关，假定坡体质量和所受外力相同的情况下，边坡体冲击加速度大小与黏结程度成反比，边坡体冲击位移与黏结程度也成反比。因此，如果测得冲击加速度和冲击位移相对初始状态增加，则边坡体与母岩体的黏结程度在降低，其安全稳定性也越差。

如何建立三者之间的定量关系，是本书作者正在从事的相关研究。另外，通过同激振的弹簧质子型和摆型振动试验发现，试验边坡体的粒子轨迹、阻尼比及固有振动频率对应的幅值之间存在密切的定性关系，具体结论如下：

在激振大小、黏结面的弹性模量、黏结面厚度和试验边坡体质量不变的前提下，边坡体的安全系数与粒子轨迹活动范围存在指数负相关关系。随着边坡体安全系数的降低，其粒子轨迹活动范围增大；随着边坡体安全系数的增加，阻尼比逐渐减小，对于弹簧质子型振动试验，黏结面积增加到总面积的 50%～75%时，阻尼比变化明显，在该黏结率范围内，阻尼比对黏结面积变化较为敏感；随着边坡体安全系数的增加，其固有振动频率对应幅值呈指数减小。因此，基于以上指标可定性地判断边坡体安全度的变化。

4 边坡失稳动力学关键技术问题

4.1 边坡极限平衡分析方法

近 50 年来，边坡极限平衡分析方法在保证建筑工程安全、避免重大人员伤亡和财产损失方面起到了关键作用。然而越来越多的斜坡灾害和实际工程案例分析表明，边坡工程的安全性并不能简单依靠单一的安全系数进行表征，相对简单静态的安全系数计算方法和相对复杂动态的岩土工程之间矛盾日益凸显。实际上，现行基于极限平衡分析方法和安全系数计算式只是一个设计方法，其理论上不符合牛顿惯性定律，需要从边坡失稳破坏各阶段的静力学、动力学和运动学特征变化入手，重新思考边坡安全评价的理论模型。

同时，基于极限平衡法的边坡工程安全稳定性实际分析应用中还存在以下三个方面制约。

一是强度参数的选取。在相对复杂的边坡安全系数的计算中，其强度参数往往依赖相对局部的原位测试或相对静态的试验检测，因此相对局部而单一的强度参数无法实现全局边坡安全性的科学考量。

二是损伤的动态发展。在许多斜面破坏的形式和案例中，如强震、长期降雨等造成边坡的结构或初始状态发生改变，或是水库区等环境因素发生变异，使得滑移面的强度处于一种动态变化的过程。因此，相对静态的强度参数无法实现边坡安全性的动态分析。

三是潜在滑坡的定量识别。在工程地质和岩石力学领域，通过抗滑力和下滑力来计算安全系数（safety factor，SF）的原则一直是岩质边坡稳定性分析的主要方法[4]。然而，安全系数多用来表达滑坡破坏前后的状态识别，而无法定量评价具有高风险的潜在滑坡，目前单一的安全系数无法实现这些潜在滑坡的定量评价。

前两个制约因素往往通过新的试验检测设备、技术和方法等方面的研究，可部分实现更为贴切实际的参数选取与动态修正，而如何定量识别工程中涉及的潜在滑坡，则成为土木工程防灾减灾领域亟待解决的主要问题之一。

潜在滑坡通常是指具备滑坡发生的条件，已有一些微量的蠕动和变形，但尚未发生明显整体移动的斜坡岩土体，在地震、降雨和人类活动等作用下，有演变为滑坡灾害趋势的坡体。虽然目前广域的潜在滑坡判识可以通过以地质环境特征为基础的定性分析，或以遥感信息等大数据分析为基础的定量判断，或是以现代数学理论为基础的人工智能分析方法等加以实现，但是从力学角度实现单体潜在滑坡的定量识别还有待进一步研究。虽然工程中可以通过设置一个大于 1 的安全系数来实现对潜在滑坡的识别，但是针对这种高风险的地质灾害，其有效识别不能只依赖于一个信息源。因此，未来的边坡安全评价理论将从以上三个方面寻求突破。

边坡从稳定到失稳破坏的过程，主要牵涉边坡安全评价和失稳预警两方面，在边坡安全评价方面关键是建立什么理论模型、采用什么参数和基于这个模型的安全度是否可实时监测。在失稳预警方面，如何在静力学、运动学和动力学三方面的指标中找到关键指标并建立各指标与安全度、失稳前兆和失稳过程的动态关系是实现现有监测方法的关键，同时可以通过打造与安全评价理论和失稳预警指标相适应的主动监测传感及实时分析模型系统实现监测预警的产业化和社会化。

如何打破现有基于极限平衡方法的理论体系以及主要基于位移监测的预警体系，需要更深入地研究边坡失稳动力学的理论、方法及监测预警体系。

4.2   边坡本质安全系数

现行安全系数虽然有多种表述形式，但都是基于某一时刻瞬态稳定平衡得来的，因此不能满足动态变化岩土边坡的实时分析。

通常，滑坡的变形演化划分为初始变形阶段、等速变形阶段和加速变形阶段三个阶段。一些高边坡变形破坏也会表现出不同的变形阶段特征和不同的动力学特征。如果没有人为改变坡体形状或增减外部荷载，边坡内部的滑动力是基本不变化，而破坏的主要因素是抗滑力的下降或突变。依据抗滑力的动态变化过程，斜坡破坏全过程可分为三个阶段，即强稳定阶段、弱稳定阶段和破坏阶段。

阶段 1：强稳定阶段。该阶段坡体与基岩有效黏结，其抗滑力完全由潜在滑移面中的黏结力提供。由于该阶段抗滑力或抗滑力矩全部由潜在的黏结力提供，无滑动趋势，此阶段的斜坡可称之为"边坡"，而非"滑坡"。

　　阶段 2：弱稳定阶段。随着黏结强度的降低，当黏结力不足以抵抗下滑力时，开始进入弱稳定阶段。该阶段内的边坡仍然稳定，由于抗滑力中有摩阻力的作用，定义为弱稳定阶段。由于坡体已有下滑趋势或已经滑动，该阶段的斜坡为"潜在滑坡"，大部分有变形而还未发生破坏的斜坡都处在这个阶段，相当于边坡时间位移曲线的初始变形阶段与等速变形阶段。实际上，从地质历史长周期来看，高山变为平地是一个必然的过程，边坡体终究会滑动破坏。

　　阶段 3：破坏阶段。当潜在滑坡再进一步受到扰动，达到最大静摩擦力，滑体产生滑动，摩阻力不足以弥补黏结力的进一步损失，滑体出现较大位移，开始破坏。该阶段多表现为形变位移的急剧上升，滑体空间形式与边坡母体脱离并产生位移，出现滑坡破坏。

　　滑坡孕育过程如表 4.1 所示。由表 4.1 可知，基于极限平衡的单一安全系数可以对破坏阶段的斜面进行有效识别，但是对于安全系数大于 1 的潜在滑坡或强稳定边坡，则很难定量评价。虽然安全系数可以通过设置一个大于 1 的指标来定义与区分稳定的边坡与潜在滑坡，但由于这种方法引入了工程师的主观评价等人为因素，难以实现潜在滑坡客观的定量分析，而如何实现潜在滑坡的定量分析识别，是目前岩土工程亟待解决的主要难题之一。

表 4.1　滑坡孕育过程

滑坡孕育过程				
类型	边坡	潜在滑坡		滑坡
阶段	强稳定阶段	弱稳定阶段		破坏阶段
变形		初始变形阶段	等速变形阶段	加速变形阶段
安全系数		≥ 1		≤ 1

　　因为现有安全系数计算的局限性，故引入新的参数对潜在滑坡进行分析和评价是必要的。以黏性土边坡为例，当相对稳定的边坡变为高风险的潜在滑坡时，关键因素是黏结力，而不是预先设定的潜在滑移面的摩阻力。本书作者结合相关研究成果和丰富的工程案例，引入本质安全系数的计算来实现对潜在滑坡的分析评价。

　　本质安全系数（cohesive safety factor，CSF）是指边坡在潜在滑移面上的黏结力强度与下滑力之间的比值为

$$\text{CSF} = \frac{\sum\limits_{i=1}^{n-1}\left(A_i\prod\limits_{j-1}^{n-1}\varPsi_j\right) + A_i}{\sum\limits_{i=1}^{n-1}\left(T_i\prod\limits_{j=1}^{n-1}\varPsi_j\right) + T_i}$$ （4-1）

式中：CSF 为本质安全系数；$\varPsi_j$ 为传递系数；A_i 为作用于第 i 块的黏结力；T_i 为作用于第 i 条块滑动面上的下滑分力。

传递系数可由式（4-2）计算为

$$\varPsi_j = \cos(\theta_i - \theta_{i+1}) - \sin(\theta_i - \theta_{i+1})\tan\varphi_{i+1}$$ （4-2）

式中：θ_i 为第 i 条块底面倾角；φ_i 为第 i 条块验算面上的内摩擦角。

作用于第 i 块的黏结力 A_i，与作用于第 i 条块滑动面上的下滑分力 T_i 可分别由式（4-3）和式（4-4）计算可得

$$A_i = c_i l_i$$ （4-3）

$$T_i = W_i\sin\theta_i + P_i\cos(\alpha_i - \theta_i)$$ （4-4）

式中：c_i 为第 i 条块验算面上的黏结力；l_i 为第 i 条块验算面长度；W_i 为第 i 条块自重与建筑等地面荷载之和；P_i 为第 i 条块单位宽度的渗透压力；α_i 为渗透压力作用方向的倾角。

与传统的安全系数相比，本质安全系数在计算中只计算黏结力与下滑力的比值，不考虑摩阻力的作用，因此当其大于 1 时，滑移面的抗滑力完全靠黏结力提供，没有下滑趋势，为边坡，处于强稳定阶段；当其小于 1 时，滑移面的黏结力无法完全满足抗滑需求，坡体有下滑趋势，处于弱稳定阶段或破坏阶段。本质安全系数小于 1 实际上是边坡失稳的必要条件，或者可以称为必要条件安全系数[15]。

表 4.2 所示为引入本质安全系数的滑坡孕育过程。由表 4.2 可知，本质安全系数的计算，可以实现稳定边坡与潜在滑坡的有效区分，从而在工程中实现潜在滑坡的定量分析。因此，本质安全系数的引入，可以量化具有下滑趋势或可能的潜在滑坡。

表 4.2 引入本质安全系数的滑坡孕育过程

滑坡孕育过程			
类型	边坡	潜在滑坡	滑坡
安全系数	≥1		≤1
本质安全系数	≥1	≤1	

因此，可将目前的基于安全系数计算的稳定性评价方法，调整为基于安全系数与本质安全系数的双指标分析方法，从而实现对边坡→潜在滑坡，潜在滑坡→滑坡的定量评价，安全系数与本质安全系数参数如表 4.3 所示。当坡体无下滑趋势，此时斜面状态可定义为"边坡"，其安全系数与本质安全系数皆大于 1；当坡体有下滑的趋势，此时的坡体为"潜在滑坡"，此时的本质安全系数小于 1，安全系数大于 1；而当安全系数小于 1 时，则发生滑坡破坏。

表 4.3 安全系数与本质安全系数参数

阶段	类型	CSF	SF
阶段 1	边坡	≥1	≥1
阶段 2	潜在滑坡	<1	≥1
阶段 3	滑坡	<1	<1

通过安全系数与本质安全系数的计算，可有效区分阶段 1（边坡）与阶段 2（潜在滑坡），阶段 2（潜在滑坡）与阶段 3（滑坡），并给予工程师更多的数据指标来识别边坡的稳定状态，尤其是在边坡滑体与山体断开变为潜在滑坡时，能够有新的指标来定量反应和识别这一质变时刻，给予现场工程师相对可定量的参考指标。

4.3 脆性破坏灾害

高陡边坡的瞬时崩塌破坏在岩土工程界最为常见，但在监测中成功预警的实例却很少。其原因主要是在边坡上的危岩体监测中，往往是通过变形、应力或是环境量指标（如地下水、降雨量等）来进行监测。虽然可以识别其破坏，但是达不到早期预警的目的；而通过对诱发因素等环境量指标的监测预警，更不能说与边坡安全有直接对应的关系。因此，这些指标在土质滑坡或泥石流等塑性破坏灾害的早期预警方面可以发挥一定作用，但是在崩塌等脆性破坏灾害的早期预警实现方面存在一定差距，而发展与脆性破坏灾害相适应的监测预警体系和预警方法，是实现崩塌早期预警的关键所在。

一系列的案例研究表明，岩体的崩塌破坏在发生脆性动力学破坏的过程中，也伴随着强度的实时退化。事实上，崩塌的核心是其主控结构面的损伤和断裂的扩展，因此如何识别其结构面的损伤并对其进行动态识别是崩塌破坏早期预警的关键。

危岩块体从产生到破坏的过程中，一般存在着两种类型的破坏损伤，即岩体突发损伤和岩体累积损伤。

危岩块体的突发损伤破坏主要是由于地震或工程爆破等自然或人为突发因素引起的结构损伤，使岩体的抗滑力在短期内降低到一定限值，从而产生突发性的崩塌破坏，因此在损伤识别中，须先预测地震的发生和震级。由于这一类损伤导致的破坏往往也伴随着大面积的滑坡和泥石流等灾害，在人们的关注区域里，往往将危岩块体损伤识别并入滑坡和泥石流中一起考虑。

岩体的累积损伤破坏是指岩体由于风化、降雨、地震、地质变化等扰动后的较为长期的一段时间积累后引起的损伤破坏。这一类的岩体在损伤积累到一定程度后才产生破坏，因此潜伏期较长，危害性较大，往往会造成突发的安全事故和经济损失，因此也是国内外学者关注的重点。由于这一类的损伤有极微小的裂缝，有时发生在岩体内部，采用观察和静力特征的识别手段往往很难观察到，而基于动力学指标的损伤识别则会有事半功倍的效果。

根据结构动力学理论，动力学监测指标与结构体的物理性质有关，而结构发生破坏或损伤必先导致结构体物理参数发生变化。因此，动力学监测指标必然会在结构体发生损伤时产生变化，同时基于振动的监测技术可以测得许多复杂结构损伤。例如，较为典型的动力特征参数损伤识别方法是将测得的动力特征参数与基准值做比较，选取敏感性变化比值，来判定结构的损伤状况等，这些理论研究和技术的发展为崩塌灾害安全监测与早期预警提供了新的技术思路。

目前为止，本书作者已研究了边坡破坏面黏结程度与固有振动频率的定量关系，以及与其他动力学指标的定性关系，并计划再进一步研究黏结程度与实测冲击加速度的关系、黏结程度与突变位移的关系和黏结程度与突变倾斜的关系。

4.4　三位一体监测预警指标

边坡从稳定到失稳破坏，关联到静力学指标、运动学指标和动力学指标的变化，理想的监测系统指标是包含这些指标的三位一体预警监测指标。实际上，由于大量存在的危险边坡及重要边坡工程，找到经济合理又简单实用的监测控制指标和监测方法是我们追求的目标。基于边坡监测的目标导向和经济成本风险偏好的综合考量，应了解：边坡安全监测如何监测安全、采用什么预警指标及阈值、传感如何智能化与实用化等三大问题。从安全度监测和预警预报两方面的目标导向出发，整理了监测类型、监测指标、监测特点、监测意义及失稳预警适用性等。三位一体预警监测指标如表 4.4 所示。

表4.4　三位一体预警监测指标

监测类型	监测指标	监测特点		监测意义	失稳预警适用性
静力学指标	岩土体应力（应变）	基于应力（应变）埋设与钻孔，在平洞、竖井内，监测边坡体内部不同深度应力（应变）情况		区分边坡岩土体拉应力区、压应力区等，反映边坡的应力变化	适用于不同类型边坡体的应力（应变）监测，但布设难度大，很难建立应力与安全的简单关系
	水（渗透）压力	利用渗压计监测边坡内部浸润线的位置及变化，以及边坡渗压分布		对土石坝提防渗漏稳定安全有重要意义	适用于土石坝边坡的安全监测
	支护加固力	利用锚索（杆）测力计、监测预应力锚固工程的锚固力		利用支护加固力的变化反映边坡体的受力状态	监测设备布设需配合，施工难度大，不适用于未经加固的自然边坡
	物理力学参数	现场实地取样进行室内试验，以及参数获取		反映边坡内部物理性质的变化	人工外业工作量大、取样难度高，试验过程繁复，一般作为地质调查必要参数，不适用于边坡预警目的
运动学指标	地表位移	大地测量法（常规）	利用全站仪、水准仪或测距仪等，监测滑坡的绝对位移量	利用位移类指标反映边坡变形演化阶段	能大范围、全面控制滑坡体变形，技术成熟，但人工外业工作量大，受地形、视通条件和气象条件影响，监测周期长，不适用于实时预警
		测缝法	利用测缝装备在裂缝、滑面、软弱带上定时测量其位移（张开、闭合、错位、下沉等）变化		利用电测法可进行自动化监测，精度高、数据采集快，可远距离有线传输，但对监测环境（气象等）有一定选择性，特别适用于加速变形，以及临近破坏的边坡变形监测
		全球定位系统	可实现与大地测量法相同的监测内容，能同时测出滑坡的三维位移量及其速率		能同时测出边坡的三维位移量，不受视通条件和气象条件影响，但价格昂贵、实时性不够，不适用于突发型崩塌预警
		航天遥感、三维激光扫描、倾斜摄影、边坡雷达等方法	利用地球卫星、无人机等周期性识别滑坡体变形，监测边坡面状绝对或相对位移变化		适用于大范围、区域性的滑坡变形监测，但成本高，难以快速获得在线监测数据，不适用于临滑预警

续表

监测类型	监测指标	监测特点	监测意义	失稳预警适用性
运动学指标	地表倾斜	利用倾斜仪监测边坡倾斜变化及其方向	与地表位移类指标作用相同,可反映边坡变形演化阶段	主要适用于倾倒式危岩体和角变化滑坡体的变形监测。精度高、易操作,早期预警效果好,适用于边坡的形变阶段预警及失稳初期预警
	深部位移(倾斜)	利用钻孔倾斜仪监测边坡内任一深度滑面、软弱面的倾斜变形,反求其横向(水平)位移,以及滑面,软弱带位置、厚度、变形速率等	与地表位移类指标作用相同,可反映边坡变形演化阶段	适用于所有滑坡、崩塌体的变形监测,特别适用于变形缓慢、匀速变形阶段的监测,精度高、测读方便、易保护。但因量程有限,故当其变形加剧、变形量过大时,常无法监测,不适用于临滑预警
	重心偏移度	利用倾角计、倾向计,计算边坡危岩体的重心偏移程度	边坡危岩体重心的偏移,直接反映了岩块体的受力与势能的变化,间接反映了岩块体的安全稳定程度	利用微芯桩传感器(可同时测量倾角与倾向)可对重心偏移度进行实时监测与临滑预警
动力学指标	振动固有频率	岩土结构系统在常时微动或受到外部激励产生运动时,固有频率是只由系统本身性质决定的固有的属性	边坡岩土体物理力学参数的改变会导致固有频率的变化,其可用来判断岩土体的损伤程度	随着岩块体逐渐脱离母岩体,其固有振动频率会逐渐下降,并存在局部拐点,适用于岩体崩塌破坏的早期预警,一旦岩块体从母体脱开,固有振动频率不再变化,其后期预警主要靠突变加速度、突变位移等指标
	突变加速度	岩土体结构的瞬时加速度,可通过高频加速度计进行采样	边坡失稳的本质在于其加速度的突变,采集瞬时加速度指标可有效反映边坡稳定的状态	利用可主动监测、高频采样、阈值触发报警的态势感知传感器可针对各类边坡进行自动化预警;突变加速度往往反映了边坡从一个状态突变的强烈信号,持续的突变加速度超阈值是失稳最重要、最敏感的前兆
	振动烈度	岩土结构振动水平的参数(如位移、速度与加速度)的均方根值,表征了岩土系统的振动能量	采集振动烈度指标可反映边坡稳定的状态	易采集计算,可针对各类边坡进行自动化预警。振动烈度类似于地震烈度,反映边坡体受冲击的影响程度,可以用于工况失稳预警

续表

监测 类型	监测 指标	监测 特点	监测 意义	失稳预警 适用性
动力学 指标	突变位移	边坡岩块体受冲击（力）作用下的最大响应位移	由于边坡岩块体的稳定状态由危岩体与母岩的黏结程度密切相关，当岩块体所受冲击力（加速度）不变时，其位移响应是评判黏结程度的有效指标	适用于岩块体是否与母岩脱离的判断
	振幅比	边坡危岩体和稳定岩体在同时段内采集的时域信号，取两者振幅的比值结果即为振幅比	可用来判断危岩体与稳定岩体振幅的相对大小，从而判断危岩体的相对稳定程度	适用于岩块体是否与母岩脱离的判断
	振动粒子轨迹	岩土结构振动粒子轨迹指岩土体发生振动时，测量点在平面内产生的相对于平衡原点的运动轨迹曲线，可通过激光测振仪远程量测	当边坡危岩体与基岩的黏结程度逐渐减弱时，危岩振动粒子轨迹与稳定岩块体相比，轨迹区域明显扩大，轨迹的累积长度成倍增长	适用于岩块体是否与母岩脱离的判断
	安全度	基于边坡安全度与固有振动频率、突变加速度或突变位移等动力学指标之间的定量关系建立的安全度相对指标	用于边坡安全度的相对评价	用于边坡早期安全预警

4.5　态势感知传感技术

态势感知是指"在复杂系统环境中，对能够引起系统态势发生变化的安全要素进行获取、理解、显示以及预测未来的发展趋势"，态势是指状态和趋势，感知包括状态识别和趋势预测。

基于边坡失稳动力学理论，边坡态势感知分为三个层次：第一层次是边坡安全态势察觉，通过布设在边坡体的传感器，主动、高频采集影响边坡稳定的安全参数的细微变化；第二层次是边坡安全态势理解，通过对传感器采集到的参数进行关联分析和植入模型计算，获得边坡整体或局部的动态安全稳定状态信息，并进行安全态势评价判断；第三层次是安全态势预警，基于边坡安全风险现状及历史状态，按照安全度（系数）预警、失稳阶段预警和危险工况预警的等级和阈值进行分级别实时预警信息传输。

边坡从稳定的静止状态到失稳的运动状态，其间动力特征及运动特征稍瞬即变，基于上述边坡安全态势实时感知的要求，其传感技术必须达到：高采样频率，可以捕捉稍纵即逝的安全参数变化；安全失稳模型植入并具备存储、计算、分析能力；实时传输能力，需保证预警信息的实时传输。同时，在低功耗、无源自供电、一体化、小型化、便利化等方面都要求按照智能传感、边缘计算的要求进行研发，达到传感即服务的智能专业化、一体化要求。

4.6　边坡一致性单元

对于简单的边坡滑体，可将其抽象为一个单元体，即一个运动单元，其稳定性取决于假设接触点的黏结程度。然而，受现场地形、地质条件的复杂影响，边坡滑体的滑动趋势往往也是复杂多变的，不能采用简单的一个单元模型对其整体失稳动力学特征和趋势进行完整描述和监测预警，故可考虑采用"运动一致性"单元理论将复杂的边坡滑体抽象为多个简单的单元滑体进行描述及预警（图 4.1）。

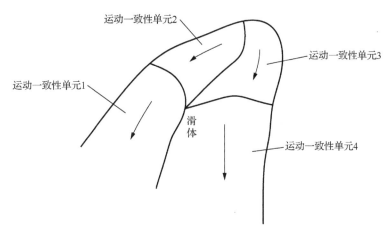

图 4.1　边坡一致性单元示意图

"运动一致性"单元理论，即将边坡滑体中具有一致变化特征的部分作为一个单元体，可定义为：边坡失稳破坏发生初期，一簇质点保持基本相同的运动特征（速度、加速度和倾斜等具有矢量特征的运动指标）。若为土质边坡，其一致性单元是时刻变化的部分，但可将变形初期速度、加速度或倾斜方向一致的区域土体作为一个单元；若为岩质边坡，各岩块体一般就是一致性单元，而对于一致性单元，则可按前述方法采用一维模型建立振动固有频率与安全系数的定量关系，并采用激光测振、微芯传感等设备对振动特征、加速度、倾斜、突变位移等监测指标进行有效监测，同时建立一致性单元边坡失稳早期预警模型。

　　基于以上边坡失稳"运动一致性"单元理论分析，可将复杂的边坡滑体简化为多个运动单元体，而每个单元体作为一个单独的滑坡单元进行预警建模与传感器布设，最终可实现对整个复杂边坡的失稳监测预警。

5 边坡失稳动力学监测技术

基于边坡失稳动力学理论方法的论述，可以发现，采集分析振动特征是边坡动力学失稳预警的关键，同时，还需要将运动学指标及静力学指标进行关联分析与相互校准，才能保证边坡早期预警的有效性。因此，可实时采集边坡安全信息的传感设备是边坡动力学监测预警的基础，下面主要介绍类传感器及其应用。

5.1 在线采集振动传感器

在线采集振动传感器即采用有线供电传输方式进行安装布设，其实时连续采集，采样数据量大、功耗大、成本高且布设困难，适用于室内试验或现场试验，不适用于边坡实际工程的监测预警。在线采集振动传感器包括压阻式振动传感器、压电式（PE 型、IEPE 型）振动传感器与电容式振动传感器等类型。

1. 压阻式振动传感器

压阻式振动传感器基于牛顿第二定律，当物体运动时，质量块受到一个与加速度方向相反的惯性力作用，半导体材料变形，引起压阻效应，使半导体电阻阻值发生变化致使桥路不平衡，从而输出电压有变化，即可得出加速度值的大小。同时，其输出阻抗低，输出电平高，内在噪声低，对电磁和静电干扰的敏感度低，所以易于进行信号调理。它对底座应变和热瞬变不敏感，在承受冲击加速度作用时零漂很小。压阻式振动传感器一个最大的优点就是工作频带很宽，并且频率响应可以低到零频（直流响应），因此可以用于低频振动的测量和持续时间长的冲击测量。典型压阻式振动传感器参数如表 5.1 所示。

表 5.1 典型压阻式振动传感器参数

灵敏度/ (mV/g)	频率范围/ kHz	量程/g	谐振频率/ kHz	供桥电压/ V（DC）	横向灵敏度/%	线性度/%	工作温度/℃
8～20	0～0.25	2	0.7				
6～15	0～0.3	5	0.8	2～5	<5	0.5	−20～+80
3～6	0～0.4	10	1				
1.5～3	0～0.6	20	1.5				

续表

灵敏度/ (mV/g)	频率范围/ kHz	量程/g	谐振频率/ kHz	供桥电压/ V（DC）	横向灵敏 度/%	线性度/%	工作温度/℃
0.6～1.5	0～1	50	2				
0.3～0.6	0～1.5	100	3	2～5	<5	0.5	−20～+80
0.15～0.3	0～2	200	4				

2. 压电式振动传感器

压电式振动传感器的工作原理是以某些物质的压电效应为基础的，其包括电荷输出型（PE 型）与电压输出型（IEPE 型）两大类。

PE 型压电式振动传感器采用具有压电效应的材料，如石英、压电陶瓷作为敏感元器件，具有频率响应范围宽、灵敏度高、动态特性好、抗干扰能力强等特点，广泛应用于振动、冲击等动态测试场合。由于 PE 传感器的输出量为电荷，其后端必须与电荷放大器或电压放大器连接，才能将电荷信号转换为电压信号，此电压信号经过后级放大、滤波等调理电路即可送入示波器等设备。由于 PE 传感器的输出阻抗较高，易受输出的电荷信号噪声干扰，必须使用特殊的低噪声电缆。典型 PE 型压电式振动传感器参数如表 5.2 所示。

表 5.2　典型 PE 型压电式振动传感器参数

灵敏度/（pC/g）	谐振频率/kHz	频率范围/kHz	最大量程/g	温度范围/℃	试用场合及特点
～2	～50	1～12	1 000	−20～+80	微型
～3	～35	0.5～12	800	−20～+200	高温工作
～20	～40	1～10	2 000	−20～+100	高性价比
～50	～25	0.5～8	800	−20～+100	振动、冲击
～200	～20	0.5～4	500	−20～+100	振动、冲击

IEPE 型压电式振动传感器其实就是将 PE 加速度传感器所需的处理电路集成到传感器内部，这样就可以直接输出一个高电平、低阻抗的电压信号，也有一些 IEPE 传感器可以输出电流信号甚至是数字信号。供电和信号输出共用一根电缆（俗称二线制方式）。此方式降低了干扰，提供了可靠性，简化了测试方式。IEPE 加速度传感器可以采用很长的通用电缆进行传输，并且不需要后续的放大电路而直接连至示波器等设备，同时可以定制 TEDS（智能传感器）功能，从而为智能化测试提供了必要的条件。典型 IEPE 型压电式振动传感器参数如表 5.3 所示。

表 5.3 典型 IEPE 型压电式振动传感器参数

灵敏度/ (mV/g)	谐振频率/ kHz	频率范围/ kHz	最大量程/g	温度范围/℃	恒流 电源	试用场合 及特点
10	~40	0.5~10	500			振动、冲击
50	~28	0.5~8	100			通用振动冲击
100	~25	0.5~6	50	−20~+80	18~30V 2~10mV	振动、冲击
500	~8	0.5~2.5	10			振动、冲击
5	~2.5	0.5~700	1			低频

3. 电容式振动传感器

电容式振动传感器采用差动电容原理，弹性膜片在外力（气压、液压等）作用下发生位移，使电容量发生变化。这类传感器可以测量气流（或液流）的振动或加速度，还可以进一步测出压力；低频可从零频开始，具有测量精度高、输出稳定及温度漂移小等优点，在惯性导航、空间微重力测量及高精度勘探等方面应用广泛。此外，电容式振动传感器具有较好的低频特性及直流响应，与其他类型的振动传感器相比，其灵敏度高、环境适应性好，尤其是受温度的影响比较小；不足之处为信号的输入与输出呈非线性关系、横向灵敏度低、量程有限，且受电缆的电容影响较大，且其通用性不如压电式振动传感器，成本也比压电式振动传感器高得多。典型电容式振动传感器参数如表 5.4 所示。

表 5.4 典型电容式振动传感器参数

灵敏度/ (mV/g)	谐振频率/ kHz	频率范围/ kHz	最大量程/g	横向灵敏度/%	工作电压/V	工作温度/℃
~660	2.5	0~1	2	<5	5~9	−20~+80
~220			6			

5.2 无线采集振动传感器

无线采集振动传感器实际上是将以在线振动传感器为核心的数据采集模块、微处理器为核心的数据预处理模块、射频芯片为核心的无线传输模块，以及电源能量模块集成并封装在一个外壳内的系统。其数据采集传输方式主要包括定时采集传输、实时采集传输、低功耗实时主动采集传输三种形式。

1. 定时采集传输

定时采集传输方式即按照任务设定的采样时间间隔自动进行数据采集与传输，其在采样时间段内为开机状态，其余时间为关机状态，非实时在线采集，这样可以有效保证传感器的低功耗，采用大容量电池一般可以保证一年以上的连续监测，但由于只在固定时间点进行信息获取，不能全面捕捉边坡动态特征信息。

2. 实时采集传输

实时采集传输方式即开机后实时在线进行数据采集与传输，这样可以有效保证边坡动态特征信息的实时获取，但在线监测功耗高，一般可连续监测十几小时，需要定时充电，一般用于检测型的采集，不适用于实际边坡的安全监测。

3. 低功耗实时主动采集传输

为解决定时与实时采集传输上的缺点，本书作者设计了"实时采集、定时传输，阈值采集、及时传输"的传感采集传输方式。通过静止、微动或冲击振动三种边坡状态的感知，实时采集或采集传输数据，通过 100～1 000Hz 的频率变化确保振动时程曲线及主要特征参数的采集分析，形成了低功耗与实时主动采集相结合的数据采集传输模式，既保证了边坡安全信息的实时获取，又能有效节省传感器功耗。

5.3 激光多普勒测振仪

激光多普勒测振仪（laser Doppler vibrometer，LDV）本质上是利用光的干涉现象来测量物理量，光学测振技术所具有的优点是结构简单、精度高、耐高压、耐腐蚀、抗电磁干扰、能在易燃易爆的环境下可靠运行，并且光学测振技术作为一种重要的非接触式无损测量技术，正日益受到人们关注，其在材料探伤、机械系统的故障诊断、噪声消除、结构件的动态特性分析及振动的有限元计算结果验证等方面都得到了广泛应用，由于这些技术的更新和发展，使得光学测振技术无论是在分辨率还是在精度上都有了很大程度的提高。

激光多普勒测振仪的激光为氦-氖激光束，波长为 632.8nm，高频带宽高达 20MHz。基于多普勒效应，测得物体的瞬时速度，其位移分辨率和速度分辨率分别为 8nm 和 0.5mm/s。与传统的振动传感器相比，无论在远程监测，还是在测试时间和高空间分辨率等性能上均具有明显优势。

　　图 5.1 为 U10 型激光多普勒测振仪，由多普勒传感器部和收录部构成。收录部可以同 2 台传感器部连接，可同时测量 2 处的振动情况。

图 5.1　U10 型激光多普勒测振仪

　　目前，利用激光测振技术可以远程、高精度、大范围地测量研究对象变化情况，通过监测滑坡体的固有振动频率监测滑坡力学本质变化，其应用前景十分广阔，可以实现一种切实可行的快速远程监测技术。国外对激光测振技术的研究较早，但是在滑坡监测方面刚刚进入试验研究阶段，相关试验成果发表较多；国内由于受限于仪器设备的引进和更新，还很少有研究机构从事相关研究工作，发展潜力及应用前景巨大。

　　激光测振仪的内部状态监测通过表面位移等传统监测技术的结合，可以有效、快速反应和推测被测区域的边坡状态，以及相应薄弱环节，减少大量的现场调查工作，如果能够投入生产阶段，将节约大量的人力和财力，同时也会在抗震救灾等领域发挥作用，确保应急预案实施的安全性和科学性，并将防灾减灾的应急水平，尤其是在时效性上提升到一个新的高度。

5.4　微芯桩智能传感器

　　微芯桩智能传感器是基于微机电系统（micro-electro-mechanical system，MEMS）研发的集采集、处理、分析、传输、供电于一体的智能传感器。微芯桩智能传感器外观及尺寸如图 5.2 所示。其采用低功耗处理器，主动实时或阈值触发采集振动、倾角、温度等信息。供电系统由柔性太阳能电池板、单晶硅太阳能板、大容量可充电电池构成，保证传感器工作 5 年以上。为配合不同边坡使用场景，如山区自然边坡、城市基坑边坡、城市挡墙等的安装，传感器配备了不同形状与尺寸的安装支架，如 T 形、L 形与 I 形，传感器安装示意图如图 5.3 所示。

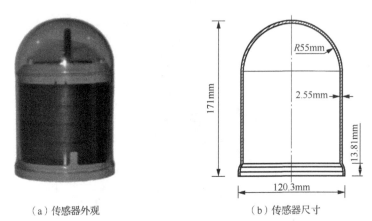

（a）传感器外观　　　　　　　　　　（b）传感器尺寸

图 5.2　微芯桩智能传感器外观及尺寸

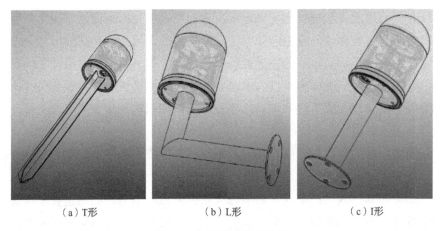

（a）T形　　　　　　　（b）L形　　　　　　　（c）I形

图 5.3　传感器安装示意图

微芯桩智能传感器的特点是能耗低、尺寸小、易于安装、成本低，针对不同的温度环境，其具有良好的稳定性等特点。嵌入边坡失稳动力学预警模型，可智能分析边坡安全状态并预警失稳，并针对不同阶段调整采样频率，捕捉稍瞬即逝的安全参数变化。微芯桩技术参数如表 5.5 所示；微芯桩指标参数如表 5.6 所示。

表 5.5　微芯桩技术参数

指标	参数范围	指标	参数范围
工作温度	$-30\sim70℃$	外接接口协议	Modbus 协议
工作湿度	$0\sim95\%RH$	平均功耗	15mW
测量量程	振动：$0\sim2g$；倾角：$0°\sim45°$	防水等级	IP67
测量精度	振动：0.061mg；倾角：0.001°	最大温漂	0.3℃
通信方式	NB-IoT 或 LORA（上行）；RS485（下行）	采样频率	$0\sim1kHz$

表 5.6　微芯桩指标参数

参数		工作模式	精度	量程
倾角		触发采集计算/定时采集计算	5"	$0\sim180°$
倾向		触发采集计算/定时采集计算	0.1°	$0\sim360°$
振动		触发采集计算/定时采集计算	0.1g	$0\sim2g$
温度		定时采集计算	0.1℃	
电压		定时采集计算	0.1V	
3 轴加速度 $X/Y/Z$		定时采集	$61\times10^{-6}g$	$\pm2g$
形变 $X/Y/Z$		定时采集计算		500mm
振动触发录波参数	频率	触发采集计算	0.01Hz	$0.01\sim100Hz$
	最大振幅	触发采集计算	0.01mm	$0\sim20mm$
	最大冲击位移	触发采集计算	0.01mm	$0\sim20mm$
	振动烈度	触发采集计算		
外接传感器（可选）		定时采集计算		

　　自主研发的振弦与应变采集连接器（微芯 Link 模块）可同微芯桩传感器（或者测站终端）配合使用，可根据需求外接，如连接水位计、土压力计、应变计及位移计等，实现静力学、动力学、运动学等多源监测信息的静态和准动态采集；同时充分考虑温度、湿度、振动等因素，以及静电、脉冲群、电磁辐射等电磁干扰的影响，其具有测量精度高、线性好、温漂小、功耗低等优点，可长时间安全、可靠地工作。集成采集示意图如图 5.4 所示；微芯 Link 模块指标参数如表 5.7 所示。

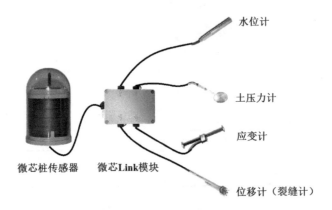

水位计

土压力计

应变计

位移计（裂缝计）

微芯桩传感器   微芯Link模块

图 5.4　集成采集示意图

表 5.7　微芯 Link 模块指标参数

指标	参数范围	指标	参数范围
工作温度	−30～80℃	外观尺寸	120mm×80mm×55mm
工作湿度	0～95%RH	通信接口	串口 RS485
频率测量范围	500～5 000Hz（振弦式） 0～2mV（应变式）	输入电压	5～12V（DC）
测频精度	0.25Hz	通信协议	MODBUS 协议
测量通道	默认 4 通道，可定制 8 通道、 16 通道、32 通道	功耗	空载：5mW 负载：40mW

5.5　微芯链智能传感器

微芯链智能传感器是在微芯桩智能传感器研发的理念基础上开发的连续线性位移监测传感器，其集数据采集、处理、分析、传输于一体。微芯链智能传感器采用低功耗 ARMCortex™-M0 处理器，内置低功耗、高灵敏度、耐用性强的多节点串式态势感知传感器，可定时采集振动、倾斜等信息，并可计算分析连续线性的位移数据，广泛应用于水利、水电、铁路、城建、矿山等工程中的沉降位移监测、钻孔倾斜位移监测及收敛监测等，微芯链智能传感器外观及尺寸如图 5.5 所示；传感器指标参数如表 5.8 所示。

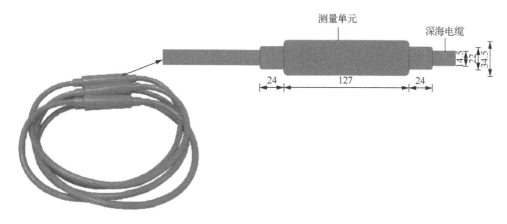

图 5.5 微芯链智能传感器外观及尺寸

表 5.8 微芯链智能传感器指标参数

指标	参数范围	指标	参数范围
工作温度	−30～70℃	接口协议	485 接口（私有协议）
工作湿度	0～95%RH	节点平均功耗	5～15mW
测量量程	振动：0～2g；倾角：0°～45°	防水等级	IP68
测量精度	振动：0.061mg；倾角：0.001°	最大温漂	0.1℃
节点间距	0.5m、1m、2m、5m、10m，定制	最大节点数量	100
通信方式	RS485	采样频率	1 000Hz

微芯链智能传感器由多段测量单元组合而成，每个测量单元含有控制组件、测量组件、传输组件等，测量组件主要为重力加速度传感器，通过重力加速度传感器能够算出测量单元在不同空间姿态时的空间的夹角，通过每段测量单元倾角变化连续计算其位移，比较计算得出初始测量数据和当前实时测量数据，实现了持续测量、监控和及时现场报警，适用于岩土工程中沉降、钻孔倾斜、深层次土体位移等监测，其计算示意图如图 5.6 与图 5.7 所示。

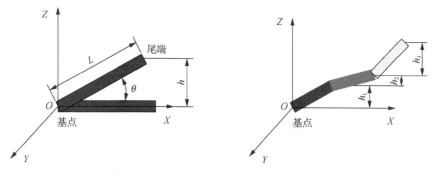

图 5.6 微芯链智能传感器沉降计算示意图

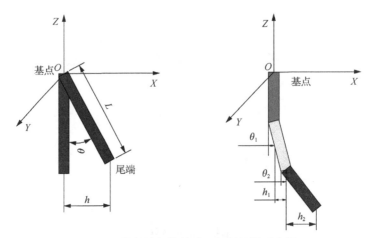

图 5.7　微芯链智能传感器倾斜计算示意图

5.6　微芯数据采集站

微芯数据采集站是数据采集与传输基站，其采用 32 位高速 ARM9CPU 嵌入式微处理器及 LINUX 操作系统进行操作，微芯数据采集站采用模块化设计的先进理念,根据现场的不同需求可以进行多种传感器集成,其以 ETHERNET 和 GPRS 作为主要的通信方式，采用工业级设计，具有高稳定性、高可靠性和高灵活性的特点，指标参数如表 5.9 所示。

表 5.9　微芯数据采集站指标参数

指标	参数范围	指标	参数范围
电源电压	AC220（1±30%）V 或 DC12～18V	时钟工作电池	3.6V（1 200mA·h）
后备电源	DC12V 蓄电池	整机功耗	静态：≤2.5W；最大功耗：≤6W
工作频率	47.0～52.5Hz（−6%～+5%）	日计时误差	≤0.5s/d
工作温度	−25～+70℃	相对湿度	<95%RH
通信方式	LORA（下行） 2G/4G（上行）	集成安装	雨量，风速，气体，视频，报警灯等

微芯数据采集站将传感器数据通过 2G/4G 网络传入 ISAFETY 工程安全卫生物联网云平台（微芯云）。该平台是基于物联网技术和工程安全监测预警业务的特点打造的专业云平台，适配各种网络环境和协议类型，支持微芯系列产品及其他各类传感器的快速接入和专业数据服务。物联网云平台通过内置工程安全预警模型分析计算后，将成果数据展示在客户端或用户网络平台，微芯数据采集站通信工作示意图如图 5.8 所示。

图 5.8 微芯数据采集站通信工作示意图

5.7 典型应用场景

5.7.1 滑坡监测

滑坡是指斜坡上的土体或者岩体，在受到降水、地震、工程扰动的影响下，以及重力作用下沿软弱面（带）或剪切面（带）整体或局部向下滑动的地质现象。基于边坡失稳动力学理论模型，提出针对滑坡体的监测主要从滑坡体动力学指标、滑坡体运动学指标和环境指标三个方面进行监测，通过监测数据结合边坡失稳预警模型，实现滑坡地质灾害的早期预警。

1. 滑坡地质灾害安全监测及早期预警指标

1）动力学指标

（1）冲击振动（加速度）：滑坡体受外界条件影响下突然加速运动产生的振动（加速度）。

（2）冲击振动（加速度）频次：单位时间内滑坡体产生冲击振动（加速度）的次数。

（3）岩体（孤石）振动频率：滑坡体上岩体或大型孤石在受外界条件影响下因约束条件变化产生的振动频率变化。

2）运动学指标

（1）冲击位移：滑坡体上某一监测点受外界条件影响下突然加速运动瞬间位移。

（2）倾角：滑坡体滑移变形后某一监测点上 XYZ 方向上倾角的变化数据。

（3）倾向：滑坡体滑移变形后某一监测点倾角变化方位。

（4）地表裂缝：滑坡体拉裂缝、错台裂缝监测数据。

（5）深部土体位移：滑坡体深层次土体位移数据。

3）环境指标

（1）降雨量：滑坡体区域降雨量监测数据。

（2）地下水位：滑坡体内部水位变化监测数据。

（3）图片：监测区域内图片。

2. 系统配置及现场安装

根据《滑坡防治工程设计与施工技术规范》（DZ/T0219—2006）、《崩塌、滑坡、泥石流监测规范》（DZ/T0221—2006）等相关规范要求，本章设定滑坡监测预警指标如表 5.10 所示；滑坡监测工作示意图如彩图 3 所示。

表 5.10　滑坡监测预警指标

	监测指标	监测内容	监测设备	安装位置	工作方式	监测频率
动力学指标	冲击振动	滑坡体表面振动产生的加速度	微芯桩	滑坡体表面，根据规范要求设定的监测剖线上	触发式采集（主动采集）	触发式
	冲击振动频次	单位时间内的振动次数				
	岩体（孤石）振动频率	岩体（孤石）自振频率	微芯桩	露头岩体或孤石上		
运动学指标	冲击位移	因振动产生的突变位移	微芯桩	滑坡体表面，根据相关规范要求设定的监测剖线上	触发式采集（主动采集）	触发式
	倾角	监测点 XYZ 方向上倾角			定时采集或抓取数据	1 次/d～1 次/5min
	倾向	监测点空间倾向				
	地表裂缝	拉伸或错台裂缝	拉绳位移计	滑坡体边缘或错台处，通过微芯桩或测站连接	定时采集或抓取数据	1 次/d～1 次/5min
	深部土体位移	滑坡深层次位移	微芯链	滑坡体内部，根据相关规范要求设定的监测剖线上	定时采集或抓取数据	1 次/d～1 次/5min
环境指标	降雨量	滑坡区域降雨量	雨量计（集成在测站）	同数据采集站安装点，集成在测站上	触发式采集（主动采集）	触发式
	地下水位	滑坡体内水位	水位计	滑坡体表面，根据规范要求设定的监测剖线上的某一监测点，通过微芯桩或测站连接	定时采集或抓取数据	1 次/d～1 次/5min
	图片	区域图片	摄像仪（集成在测站）	同数据采集站安装点，集成在测站上	定时采集或抓取数据	1 次/d～1 次/5min

1）微芯桩安装

在选定的点位处打入 T 形钢制支架，支架外露长度 20～30cm；确定支架牢固不晃动后，将微芯桩放置于 T 形钢制支架上，用内六方螺钉进行紧固。

对于土质较为坚硬、不易直接打入 T 形支架的点位，可在测点位置开挖一边长 30cm、深 30cm 的正方体土坑，并用水泥浇筑。待水泥凝固后，按照支架孔位进行打孔安装，安装方式同混凝土表面，微芯桩安装效果图如图 5.9 所示。

图 5.9 微芯桩安装效果图

2）微芯链安装

微芯链需要安装至测斜孔中，将微芯链穿入 PVC 保护管，然后向测斜孔内投放微芯链，投放过程中应保持 PVC 套管接头环形可固定装置滑轮进入导槽内，设备垂直且 X-Mark 方向指向待测位移方向，也即是测量结果的 X 方向。若安装有偏转，应使用工具测量偏转角度（顺时针计），以便后续数据处理时进行修正。确认微芯链到底后，使用测试软件测试工作是否正常；随后使用 PVC 线管保护微芯链至数据采集仪（微芯数据采集站）的线缆。同时在测斜孔附近挖坑预埋基座地笼，支模后浇筑混凝土，同时将地笼上部丝扣露出基座安装测站，微芯链安装流程示意图如图 5.10 所示，微芯桩安装效果图如图 5.11 所示。

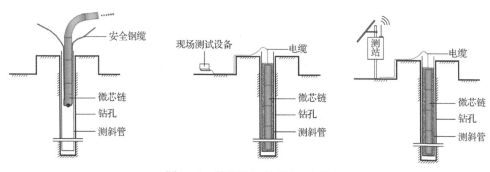

图 5.10 微芯链安装流程示意图

图 5.11　微芯链安装效果图

3）地下水位计安装

在水位观测管中安装水位计时，只需将水位计投入观测管中，并在管口处用配套的三角固定支架或尼龙带固定线缆即可使用，水位计安装示意图如彩图 4 所示。需要注意的是，为避免管底沉渣淤泥过多阻塞探头，建议将水位计提高一定距离，同时为避免线缆与微芯桩接口处拉断，可在管口处固定。

3. 技术服务

监测预警系统可实现监测数据定时采集和触发采集，触发式采集是采集边坡动力学指标，采样监测频率为 1 000Hz，定时采集监测频率均为 1 次/d～1 次/5min，当所测测值或变化速率达到或超过阈值时，系统降低定时采集监测频率为 1 次/d～1 次/30min，或通过远程控制降低监测频率。

参照《滑坡防治工程设计与施工技术规范》（DZ/T0219—2006）、《崩塌、滑坡、泥石流监测规范》（DZ/T0221—2006）等相关规范要求，监测系统实时显示设备运行状况，提供各监测数据曲线，发出技术警示信息，同时提供各类数据处理及分析报告；当遇到紧急突发情况时（如出现强降雨、台风、地震、局部垮塌等），可根据现场监测要求及时调整监测系统工作状态，同时实时出具分析评估报告。

5.7.2　崩塌监测

崩塌是指较陡斜坡上的岩土体在重力作用下突然脱离母体崩落、滚动、堆积在坡脚（或沟谷）的地质现象，是一种破坏性极大的地质灾害。我国山地面积广阔，尤其是西南地区，山峦林立沟壑纵横，地质条件复杂，危岩崩落、边坡崩塌的情况时有发生，严重危及人民的生命财产安全。基于危岩崩塌失稳动力学理论模型，主要采用微芯监测预警系统用于监测预警危岩体安全度的变化，同时结合多种力学指标的实时监测，实现对危岩崩塌失稳的早期预警。

1. 崩塌安全监测及早期预警指标

1）动力学指标

（1）冲击振动（加速度）：危岩体受外界条件影响下产生的振动（加速度）。

（2）冲击振动（加速度）频次：单位时间内危岩体产生冲击振动（加速度）的次数。

（3）危岩体振动频率：危岩体在受外界条件影响下与母岩脱离产生的振动频率变化。

（4）粒子轨迹：危岩体测量点在平面内产生的相对于平衡原点的运动轨迹。

2）运动学指标

（1）冲击位移：危岩体受外界条件影响下振动引起的瞬间位移。

（2）倾角：危岩体在自重及外力作用下 XYZ 方向上倾角的变化数据。

（3）倾向：危岩体在自重及外力作用下倾角变化方位。

（4）裂缝：危岩体与母岩之间的裂缝宽度变化。

3）静力学指标

锚索（杆）应力：锚索（杆）的锚固力、拉拔力变化情况。

4）环境指标

（1）降雨量：危岩体监测区域的降水情况。

（2）图片：监测区域内图片。

2. 系统配置及现场安装

参照《滑坡防治工程设计与施工技术规范》（DZ/T0219—2006）、《崩塌、滑坡、泥石流监测规范》（DZ/T0221—2006）等相关规范要求，结合人工踏勘、激光测振等技术手段判断和设定崩塌监测点。崩塌监测预警指标如表5.11所示；高陡危岩崩塌监测系统布置示意图如彩图5所示。

表 5.11 崩塌监测预警指标

监测指标		监测内容	监测设备	安装位置	工作方式	监测频率
动力学指标	冲击振动	危岩体振动产生的加速度	微芯桩	安装在崩塌体或危岩表面的监测点上	触发式采集（主动采集）	触发式
	冲击振动频次	单位时间内的振动次数				
	危岩体振动频率	危岩体自振频率				
	粒子轨迹	危岩体运动轨迹	激光测振仪	远程测量	人工测量	
运动学指标	冲击位移	因振动产生的突变位移	微芯桩	安装在崩塌体或危岩表面的监测点上	触发式采集（主动采集）	触发式
	倾角	监测点 XYZ 方向上倾角			定时采集或抓取数据	1 次/d～1 次/5min
	倾向	监测点空间倾向				
	裂缝	拉伸裂缝	拉绳位移计	危岩体与母岩之间	定时采集或抓取数据	1 次/d～1 次/5min
静力学指标	锚杆（索）应力	锚杆（索）锚固力或拉拔力	索力计	锚杆（索）支护结构上	定时采集或抓取数据	1 次/d～1 次/5min
环境指标	降雨量	监测区域降雨量	雨量计（集成在测站）	同数据采集站安装点，集成在测站上	触发式采集（主动采集）	触发式
	图片	区域图片	摄像仪（集成在测站）	同数据采集站安装点，集成在测站上	定时采集或抓取数据	1 次/d～1 次/5min

1）微芯桩安装

对于危岩体监测，微芯桩安装在危岩体表面，采用 I 形或 L 形钢架安装，安装前去除岩体表面覆土，将固定好微芯桩的支架放置到事先确定的安装位置，并用记号笔在岩体表面标注支架孔位，若安装面凹凸不平，需使用水泥浇筑底座；使用 12mm 钻头进行打孔，并用四个 M8 膨胀螺栓固定 I 形或 L 形钢架，四个螺栓应在孔内牢固不晃动，保证螺栓不会滑脱，然后将微芯桩放置于 I 形或 L 形钢制支架上，用内六方螺钉进行紧固。微芯桩安装效果图如图 5.12 所示。

2）拉绳位移计安装

拉绳位移计安装：依照其底部四个螺丝孔位的位置，在待监测位置打孔；打孔完毕后，将拉绳位移计固定在危岩体表面，注意钢索出线口一侧应朝向待测裂缝方向；钢索安装时，应注意水平角度，即尽量使钢索由出线口移动至待监测裂缝另一侧的过程中尽量保持水平，同时钢索应尽量垂直于出线口，保持在最小角度（容许偏差±30°）以内，确保量测精度以及拉绳位移计寿命。拉绳位移计安装效果图如图 5.13 所示。

图 5.12　微芯桩安装效果图

图 5.13　拉绳位移计安装效果图

3）锚索应力计安装

锚索应力计安装：首先在锚头受力面之间增设钢塑板，保证索力计与受力面之间有足够接触面，使锚索（杆）受力后受力面位置不致下陷；然后将索力计套在锚杆外，放在钢垫板和工程锚具之间张拉锚杆（索）；最后将电缆接到微芯桩或测站，电缆每隔 2m 进行固定，外露部分做好保护措施。锚索应力计安装效果图如图 5.14 所示。

图 5.14　锚索应力计安装效果图

3. 技术服务

同 5.7.1 节第 3 小节所述。

5.7.3　边坡挡墙监测

边坡挡墙是为防止路基填土或山坡土体坍塌而修筑的承受土体侧压力的墙式构造物。针对边坡挡墙数量较多，人工监测成本较高，且发生失稳破坏造成人员财产损失极大的特点，基于边坡失稳动力学理论，边坡挡墙失稳模型采用微芯监测预警系统，以对边坡挡墙进行结构安全度实时监测，并早期预警挡墙结构失稳垮塌。

1. 边坡挡墙安全监测及早期预警指标

1）动力学指标

（1）冲击振动（加速度）：挡墙在外力作用下发生振动时所产生的加速度。

（2）冲击振动（加速度）频次：单位时间内产生冲击振动（加速度）的次数。

2）运动学指标

（1）倾角：挡墙受墙后土体影响产生的 XYZ 方向上倾角的变化数据。

（2）倾向：挡墙受墙后土体影响作用下倾角变化方位。

3）静力学指标

（1）挡墙结构裂缝：挡墙结构表面裂缝扩张情况。

（2）锚索（杆）应力：锚索（杆）的锚固力、拉拔力等变化情况。

4）环境指标

（1）降雨量：挡墙所在地区的降水情况。

（2）图片：监测区域内图片。

2. 系统配置及安装方式

参照《建筑边坡工程技术规范》（GB 50330—2013）中的要求，并结合《工程测量规范》（GB50026—2007），以及相关行业规范中的规定，本章选择的边坡挡墙监测预警指标如表 5.12 所示；工作示意图如彩图 6 所示。

表 5.12　边坡挡墙监测预警指标

监测指标		监测内容	监测设备	安装位置	工作方式	监测频率
动力学指标	冲击振动	边坡挡墙振动产生的加速度	微芯桩	挡墙结构顶部或预估挡墙变化最大处	触发式采集（主动采集）	触发式
	冲击振动频次	单位时间内的振动次数				
运动学指标	倾角	监测点 *XYZ* 方向上倾角	微芯桩	挡墙结构顶部或预估挡墙变化最大处	定时采集或抓取数据	1 次/d～1 次/5min
	倾向	监测点空间倾向				
静力学指标	挡墙结构裂缝	挡墙裂缝宽度变化	裂缝计	墙面裂缝处	定时采集或抓取数据	1 次/d～1 次/5min
	锚索（杆）应力	锚杆（索）锚固力或拉拔力	索力计	锚杆（索）支护结构上	定时采集或抓取数据	1 次/d～1 次/5min
环境指标	降雨量	挡墙所在区域降雨量	雨量计（测站集成）	测站集成	触发式采集（主动采集）	触发式
	图片	区域图片	摄像仪（测站集成）	测站集成	定时采集或抓取数据	1 次/d～1 次/5min

1）微芯桩安装

对于边坡挡墙监测，微芯桩安装在挡墙表面，采用 L 形钢架安装，安装前去除表面覆土，将固定好微芯桩的支架放置到事先确定的安装位置，并用记号笔在岩体表面标注支架孔位，使用 12mm 钻头进行打孔，并用四个 M8 膨胀螺栓固定 L 形钢架，四个螺栓应在孔内牢固不晃动，保证螺栓不会滑脱，然后将微芯桩放置于 L 形钢制支架上，用内六方螺钉进行紧固，微芯桩安装效果图如图 5.15 所示。

图 5.15　微芯桩安装效果图

2）裂缝计安装

裂缝计安装：首先用钻头在裂缝计标距的位置钻两个深约 50mm 的孔洞，将膨胀锚栓插进、上紧；将裂缝计两端用螺栓固定到锚头的螺孔中，引线引入微芯桩或测站即可工作，裂缝计安装效果图如图 5.16 所示。

图 5.16　裂缝计安装效果图

3. 技术服务

同 5.7.1 节第 3 小节所述。

5.7.4　小型土石坝监测

小型土石坝是常见的水利工程之一，由于其构成材质、施工工艺、动物侵蚀等原因，坝体内部易产生导水通道，导致出现一些险情，如漫顶、渗漏和变形，主要体现在坝体和坝基上。一旦发现漫顶、渗漏和变形，就可能造成很严重的后果，因此小型土石坝安全监测是十分必要的。基于土石坝稳定性预警模型，主要采用微芯卫视实时监测预警坝体变形、振动特征、浸润线及水库水位、雨量的变化，早期预警坝体失稳垮塌。

1. 小型土石坝安全监测及早期预警指标

1）动力学指标

（1）冲击振动（加速度）：坝体表面受外界条件影响下突然加速运动产生的振动（加速度）。

（2）冲击振动（加速度）频次：单位时间内坝体表面产生冲击振动（加速度）的次数。

2）运动学指标

（1）倾角：坝体某一监测点上 *XYZ* 方向上倾角的变化数据。

（2）倾向：坝体某一监测点倾角变化方位。

（3）坝体沉降：坝体表面的沉降位移。

3）环境指标

（1）降雨量：滑坡体区域降雨量监测数据。

（2）坝体浸润线：监测坝体内浸润水位高度。

（3）水库水位：滑坡体内部水位变化监测数据。

（4）图片：监测区域内图片。

2. 系统配置及现场安装

根据滑坡监测及预警的要求，结合《土石坝安全监测技术规范》（SL551—2012），《大坝安全监测系统验收规范》（GB/T 22385—2008）等相关规范要求，本节设定小型土石坝监测预警指标如表 5.13 所示；小型土石坝监测工作示意图如彩图 7 所示。

表 5.13　小型土石坝监测预警指标

监测指标		监测内容	监测设备	安装位置	工作方式	监测频率
动力学指标	冲击振动	坝体表面振动产生的加速度	微芯桩	设定在坝体表面监测点上	触发式采集（主动采集）	触发式
	冲击振动频次	单位时间内的振动次数				

续表

监测指标		监测内容	监测设备	安装位置	工作方式	监测频率
运动学指标	倾角	监测点 XYZ 方向上倾角	微芯桩	设定在坝体表面监测点上	定时采集或抓取数据	1次/d～1次/5min
	倾向	监测点空间倾向				
	坝体沉降	坝体表面的沉降位移	微芯链	设定在坝体表面监测点上	定时采集或抓取数据	1次/d～1次/5min
			静力水准仪	坝体表面设定在监测点上	定时采集或抓取数据	1次/d～1次/5min
环境指标	降雨量	区域降雨量	雨量计（集成在测站）	同数据采集站安装点，集成在测站上	触发式采集（主动采集）	触发式
	坝体浸润线	坝前渗水压力及水位高度	渗压计	设定在监测点上	定时采集或抓取数据	1次/d～1次/5min
	水库水位	滑坡体内部水位变化	水位计	同数据采集站安装点，集成在测站上	定时采集或抓取数据	1次/d～1次/5min
	图片	区域图片	摄像仪	同数据采集站安装点，集成在测站上	定时采集或抓取数据	1次/d～1次/5min

1）微芯桩安装

微芯桩采用工形支架安装在坝体表面，先将固定好微芯桩的支架放置到事先确定的安装位置，并用记号笔在岩体表面标注支架孔位，若安装面凹凸不平，需使用水泥浇筑底座；使用 12mm 钻头进行打孔，并用四个 M8 膨胀螺栓固定工形支架，四个螺栓应在孔内牢固不晃动，保证螺栓不会滑脱，然后将微芯桩放置于工形支架上，用内六方螺钉进行紧固，微芯桩安装效果如图 5.17 所示。

图 5.17　微芯桩安装效果

2）微芯链安装

在选定的监测剖面处地表开槽，开槽深度约为30cm，长度大于微芯链长度，将微芯链穿入 PVC 保护管内，然后整体放置槽内，或采用吊环膨胀螺栓固定在待测区域；随后使用 PVC 线管保护微芯链至数据采集仪（微芯数据采集站）的线缆；同时在微芯采集传输基站附近挖坑预埋基座地笼，支模后浇筑混凝土，待混凝土达到一定强度，使用螺母将传输基站固定在基座地笼上，并连接微芯至传输基站上。微芯链安装效果如图 5.18 所示。

图 5.18　微芯链安装效果

3）静力水准仪安装

静力水准仪安装：将静力水准仪支架安装固定在沉降监测点位置，底板用螺丝固定到支架上面，确保底板水平，并将丝杆下端安装到底板上，拧紧螺丝；截取铝塑管一节，一端用铜接头连接至静力水准仪的储液罐，另一端接三通铜接头；将储液罐安装到丝杆上，用丝杆上端螺丝拧紧固定；向一端的储液罐注入防冻液，检查各储液罐的液面高度，通过丝杆微调储液罐的高度，使液面在储液罐中的位置保持基本一致，并通过水平尺调整每个储液罐至水平位置；在储液罐中加适量的硅油，以减少罐内液体的挥发；将传感器的测杆取出拧在浮球上，连接处可用 AB 胶固定，待胶干后将测杆插进传感器中，并将传感器拧在储液罐上；最后将传感器电缆串联在一起连入微芯桩或微芯采集传输基站即可工作，静力水准仪安装效果如图 5.19 所示。

图 5.19　静力水准仪安装效果

3. 技术服务

同 5.7.1 节第 3 小节所述。

5.7.5　基坑工程监测

基坑是指为进行建（构）筑物基础、地下建（构）筑物的施工所开挖的地面以下空间。为保证基坑工程的安全进行，在建筑基坑施工及使用期限内，对建筑基坑及周边环境实施的检查、监控工作称为建筑工程基坑监测。基于基坑稳定性安全评价模型，采用微芯监测预警系统对基坑的状态参数进行监测，实时分析基坑的安全度变化，可以达到早期预警基坑失稳破坏的效果。

1. 基坑支护失稳早期监测预警指标

1）动力学指标

（1）冲击振动（加速度）：基坑支护结构受外界荷载作用或施工扰动产生的振动（加速度）。

（2）冲击振动（加速度）频次：单位时间内基坑支护结构收到冲击振动（加速度）的次数。

2）运动学指标

（1）冲击位移：基坑支护结构受外界荷载作用或施工扰动产生的振动瞬间位移。

（2）倾角：基坑支护结构受外界荷载作用或施工扰动下 XYZ 方向产生的倾角变化数据。

（3）倾向：基坑支护结构受外界荷载作用或施工扰动下倾角的变化方位。

（4）沉降：基坑开挖后支护结构形变或降水等引起的地表或支护结构沉降位移。

（5）深层水平位移：基坑支护结构背后土体在各深度的水平位移。

3）静力学指标

（1）内支撑应力：基坑内支撑受基坑支护结构的应力变化。

（2）锚索（杆）应力：锚索（杆）的锚固力、拉拔力等。

4）环境指标

（1）降雨量：基坑工程所在地区的降水情况。

（2）地下水位：基坑支护结构背后土体内地下水位情况。

（3）图片：监测区域内图片。

2. 系统配置及现场安装

参照《建筑基坑工程监测技术标准》（GB50497—2019）及《建筑基坑支护技术规程》（JGJ120—2012）等规范中的相关规定，基坑工程监测点的布置应最大程度地反映监测对象的实际状态及其变化趋势，并应满足监控要求。基坑工程监测预警指标如表 5.14 所示；基坑工程监测系统布置示意图如彩图 8 所示。

表 5.14　基坑工程监测预警指标

监测指标		监测内容	监测设备	安装位置	工作方式	监测频率
动力学指标	冲击振动	基坑支护结构振动产生的加速度	微芯桩	冠梁及围护墙上	触发式采集（主动采集）	触发式
	冲击振动频次	单位时间内的振动次数				
运动学指标	冲击位移	因振动产生的突变位移	微芯桩	冠梁及围护墙上	触发式采集（主动采集）	触发式
	倾角	监测点 XYZ 方向上倾角			定时采集或抓取数据	1 次/d～1 次/5min
	倾向	监测点空间倾向				

续表

监测指标		监测内容	监测设备	安装位置	工作方式	监测频率
运动学指标	沉降	地表或支护结构竖直方向位移	静力水准仪	地表及支护结构上	定时采集或抓取数据	1次/d~1次/5min
			微芯链		定时采集或抓取数据	1次/d~1次/5min
	深层水平位移	基坑围护结构墙后土体不同深度水平位移	微芯链	围护墙后测斜钻孔	定时采集或抓取数据	1次/d~1次/5min
静力学指标	锚索(杆)应力	锚索(杆)的锚固、拉拔力	锚索应力计	锚杆(索)	定时采集或抓取数据	1次/d~1次/5min
	内支撑应力	基坑内支撑受基坑支护结构的应力	应力计/应变计	布设支撑内力较大或在整个支撑系统中起关键作用的杆件上	定时采集或抓取数据	1次/d~1次/5min
	降雨量	基坑所在区域降雨量	雨量计(测站集成)	同数据采集站安装点，集成在测站上	触发式采集(主动采集)	触发式
环境指标	地下水位	基坑所在地区地下水情况	水位计	基坑周边布设	定时采集	1次/d~1次/5min
	图片	区域图片	摄像仪(测站集成)	同数据采集站安装点，集成在测站上	定时采集或抓取数据	1次/d~1次/5min

1）微芯桩安装

对于基坑工程监测，微芯桩采用 I 形或 L 形钢架安装在支护结构上，即将固定好微芯桩的支架放置到事先确定的安装位置，并用记号笔在支护结构表面标注支架孔位，若安装面凹凸不平，需使用水泥浇筑底座；使用 12mm 钻头进行打孔，并用四个 M8 膨胀螺栓固定 I 形或 L 形钢架，四个螺栓应在孔内牢固不晃动，保证螺栓不会滑脱，然后将微芯桩放置于 I 形或 L 形钢制支架上，用内六方螺钉进行紧固，微芯桩安装效果如图 5.20 所示。

2）钢筋应力计安装

应力计采用埋入式测试，先将钢筋应力计通过螺纹与钢筋杆连接，然后将钢筋杆与受力钢筋同轴线对焊（注意保持钢筋应力计、钢筋杆与受力钢筋在同一轴线上），采用坡口焊或熔槽焊将钢筋应力计焊接在被测钢筋上；钢筋应力计连接完毕，沿着受力钢筋引出的导线要用胶布绑扎固定保护好，避免受到损坏，实际安装效果图如图 5.21 所示。

图 5.20 微芯桩安装效果图

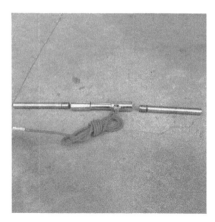 

图 5.21 钢筋应力计安装效果图

3）表面应力/应变计

表面应力/应变计是安装在结构表面的，安装前将测点安装位置打磨平整；将样棒固定在夹具内安装夹具，夹具可采用焊接、锚固、胶粘等多种方式与测点连接。安装时确保夹具与测点形成整体，保证测量的精确性；夹具基座与测点表面完全贴合后，取出样棒，将仪器置于夹具内；仪器安装完成后安装仪器保护罩，保护罩出线口处需填充软材料，防止保护罩边缘割伤仪器电缆。表面应力/应变计安装效果图如图 5.22 所示。

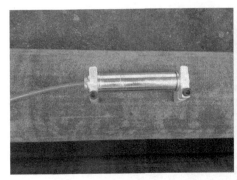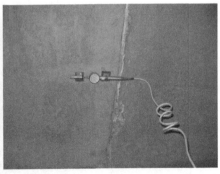

图 5.22　表面应力/应变计安装效果图

3. 技术服务

同 5.7.1 节第 3 小节所述。

6 微芯桩监测预警系统应用案例

6.1 猴子岩水电站地质灾害早期识别及监测预警案例

6.1.1 项目背景

猴子岩水电站位于四川省甘孜州康定市境内,是大渡河干流水电规划 28 级开发方案中第 10 个梯级电站。电站大坝为世界第二高混凝土面板堆石坝。2016 年 11 月 15 日下闸蓄水,2016 年 12 月 30 日 21:58 圆满完成 72h 试运行。2017 年 1 月 1 日,猴子岩水电站首台机组正式投入商业运行。

自 2016 年 11 月至 2017 年 11 月,猴子岩水库水位从 1 770m 上升至 1 835m,为了保证库岸滑坡体的早期识别及大坝安全稳定运行,采用了航天遥感、无人机倾斜摄影测量、全站仪定期监测与微芯桩自动化应急监测预警系统,以开展库区灾害点的早期识别及现场应急预警工作,为 S211 省道的正常通行提供保障。

6.1.2 地质灾害区域早期识别

采用三景 ALOS-2 的 SM3 升轨数据进行 D-InSAR 处理,对猴子岩水库 5km(两岸合计 10km)范围内的岸坡进行排查,发现水库区内有多处变形,疑似灾害点的位置。基于 D-InSAR 的灾害点早期识别结果如彩图 9 所示;选用的 ALOS-2 升轨 SM3 数据参数如表 6.1 所示。

表 6.1 选用 ALOS-2 升轨 SM3 数据参数

编号	拍摄时间	幅宽/km	数据类型	极化方式	入射角/(°)	拍摄模式
1	2016 年 7 月 29 日	70	FSD	HH	32.5	升轨
2	2016 年 12 月 16 日	70	FSD	HH	32.5	升轨
3	2017 年 7 月 28 日	70	FSD	HH	32.5	升轨

通过对利用 ALOS-2 雷达卫星遥感数据的处理，以及利用时间连续性和空间连续性对灾害点进行分析，发现了库区内明显的滑坡灾害区域，灾害点地表变形早期识别结果如彩图 10 所示。

6.1.3　地质灾害点现场详查

1. 人工排查

在 InSAR 滑坡早期发现的基础上，于 2017 年 12 月对几处疑似滑坡的岸坡进行重点排查，确定在水库区上游 14.5km 右岸（102°2′27″E，30°40′1″N）位置为一处正在加速活动的开顶变形体，开顶滑坡现场影像如彩图 11 所示。通过现场勘察验证，得到如下结论：滑坡体处于持续变形阶段，建议加强观测，设置全站仪位移监测点的同时，使用无人机进行航拍，利用航片数据差分得到变动区域，实现滑坡位移监测的目的。

滑坡体距离猴子岩大坝约 14.5km，位于丹巴县格宗乡开绕村大渡河右岸、溪河沟上游约 450m 处。滑坡体顺河方向长度约 490m（对应的省道 S211 复建公路桩号约 K9+000-K9+380），顶部高程 2 080m，底部高程预计 1 820m 或更低，总体积约 450 万 m^3。开顶滑坡体浅表部为崩坡积层大孤石块碎石土，下伏为志留系绿片岩，含有千枚岩，岩层内有层间挤压破碎带。

2. 无人机倾斜测量

基于该滑坡有可能进一步成灾的判断，利用测量型无人机赶赴灾害现场进行航拍。根据 2017 年 12 月和 2018 年 1 月两期无人机倾斜测量数据进行差分对比，发现 1 号冲沟全段和 2 号冲沟沟底变形较大，在暴雨或地震的条件下发生再次滑动破坏的可能性极大，基于无人机倾斜摄影结果发现变形位置如彩图 12 所示。

3. 滑坡变形全站仪定期监测

从 2018 年 1 月开始，在滑坡现场布设多个位移监测点，选取 TP4、TP8、TP11、TP13、TP14、TP15、TP18、TP19、TP20 和 TP23 等 10 个点的布设位置，测点平面布置示意图如图 6.1 所示，基于实测数据获取在监测时间范围内的滑坡位移累积云图如彩图 13 所示。其中，图 6.1 中的 TP23、TP8 和 TP4 点位置累计位移量最大。

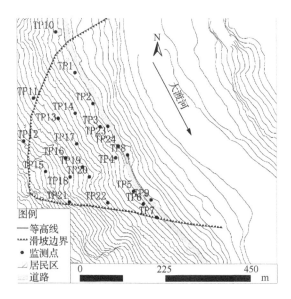

图6.1 滑坡监测点平面布置示意图

6.1.4 微芯桩自动化监测预警方案

随着滑坡变形的发展，边坡的危险性不断增大，坡体上部落石不断，严重影响对边坡进行排危作业的工人及下方道路上通行人员的安全。在此条件下，原有的全站仪监测系统已无法保证滑坡影响范围内的人员安全，而采用微芯桩自动化监测预警系统，则可确保险情的早期预警。

1. 微芯桩自动化监测预警系统

该监测系统由微芯桩传感器、一杆式采集测站构成。该系统采用太能供电和无线传输技术，微芯桩将监测信息通过 LoRa 方式无线传输至采集测站，然后再通过采集测站的 GPRS 无线模块传输至云平台。工程人员可实时通过手机 App 访问监测数据及警示信息。微芯桩系统信息传输流程如图 6.2 所示，系统特点如图 6.3 所示。

2. 监测方案

根据现场无人机测量与全站仪测点结果，着重在变形较大的区域安装微芯桩测点，考虑到现场的地质条件，共安装 14 个微芯桩，1 台一杆式采集测站，用于监测倾斜、振动及现场图像，猴子岩滑坡体微芯桩监测点布设示意图如彩图 14 所示，典型测点安装照片如图 6.4 所示。

微芯桩　　　无线传输　　　　　　无线传输　　　iSafety云平台　　　客户端

一杆式采集测站

图 6.2　微芯桩系统信息传输流程

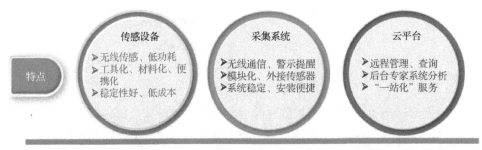

图 6.3　微芯桩系统特点

图 6.4　猴子岩滑坡体典型测点安装照片

现场在 2h 内完成安装，并随即开始应急预警工作，为现场排危作业及省道通行提供安全预警。通过现场微弱的 2G 信号，系统实时将监测数据及警示信息传送至关联人员的手机中。

6.1.5 微芯桩监测预警系统实施效果

截至 2019 年 3 月 20 日，微芯桩应急监测预警系统正常工作了 1 年零 2 个月，在此期间成功做出安全预警 7 次，为保证省道的正常安全运行提供了科学依据。

1. 第一次安全预警

2018 年 2 月 8 日，2 号和 3 号微芯桩倾角扩展速率加快，并与现场全站仪监测数据变化趋势吻合，微芯桩指标综合过程曲线如图 6.5 所示。2 月 8 日 19:00 将预警信息提交至业主方，随后猴子岩水电公司立即通知现场值班人员封锁道路，禁止通行。2 月 9 日 10:24，上部碎石滚落，边坡发生小方量垮塌，如图 6.6 所示。

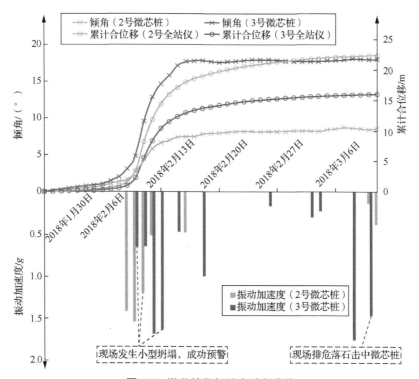

图 6.5 微芯桩指标综合过程曲线

图 6.6　现场滚石塌方

2. 第二次安全预警

2018 年 3 月 13 日 13:50，3 号微芯桩振动和倾角指标同时发出"红色警示"，信息及时上报业主方。业主方及时引导作业人员迅速撤离，经过现场排查，为现场排危造成局部垮塌，3 号微芯桩被砸所致。被砸后，后台显示 3 号微芯桩仍处于正常工作状态，并持续发出预警。3 月 15 日，被砸落的微芯桩重新安装于边坡上部，且继续正常工作。第二次安全预警 3 号微芯桩（WXZ-3）警示信息与现场工作情况如图 6.7 所示，监测曲线如图 6.8 所示。

（a）警示信息　　　　　（b）设备被局部垮塌击中　　　　（c）设备重新安装

图 6.7　WXZ-3 警示信息与现场工作情况

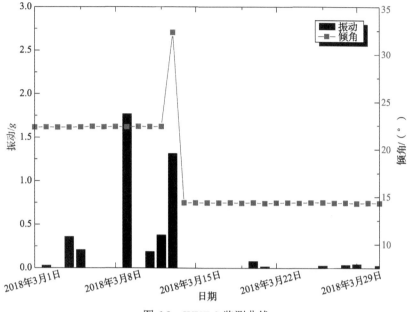

图 6.8　WXZ-3 监测曲线

3. 第三次安全预警

2018 年 5 月 22 日 14:23，7 号微芯桩振动指标持续发出"红色警示"信息，警示信息立即发给业主方，猴子岩公司立即封锁现场，禁止行人车辆通过，10min 后边坡发生滚石，微芯桩第三次预警避险成功，其 7 号微芯桩（WXZ-7）警示信息与现场情况如图 6.9 所示；监测曲线如图 6.10 所示。

（a）警示信息　　　　　　（b）现场局部垮塌　　　　　（c）道路滚石

图 6.9　WXZ-7 警示信息与现场情况

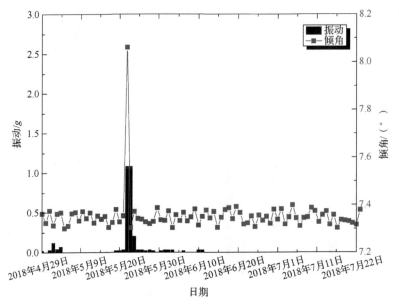

图 6.10　WXZ-7 监测曲线

4. 第四次安全预警

2018 年 6 月 19 日 14:40，处于滑坡后缘的 2 号微芯桩振动指标连续发生"红色警示"，立即通知现场值班人员，现场人员封锁道路，禁止通行，大约 20min 过后，滑坡产生大量滚石，部分石头滚到路面，由于提前预警准确，道路封闭及时，现场管制措施到位，没有造成人员伤亡。第四次安全预警 2 号微芯桩（WXZ-2）警示信息与现场情况如图 6.11 所示。

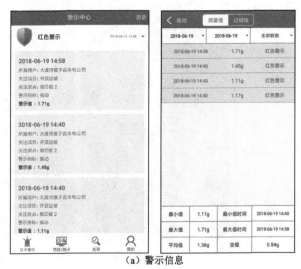

（a）警示信息

图 6.11　WXZ-2 警示信息与现场情况

（b）现场坡面连续滚石

图 6.11（续）

5. 第五次安全预警

2018 年 9 月 6 日 8:11，滑坡下部 S211 公路外侧 4 号微芯桩振动指标持续发出"红色警示"，通知业主后值班人员立即封锁现场。经现场勘查发现 4 号微芯桩公路侧裂缝增大，且有零星落石。第五次安全预警 4 号微芯桩（WXZ-4）警示信息与现场情况如图 6.12 所示。

图 6.12　WXZ-4 警示信息与现场情况

6. 第六次安全预警

2018 年 10 月 3 日 5:56，2 号冲沟 9 号微芯桩的倾角和振动指标同时发出"红色警示"，经无人机航拍发现 9 号桩所在孤石发生滚动，有落石堆积。第六次安全预警 9 号微芯桩（WXZ-9）警示信息与现场情况如图 6.13 所示。

（a）警示信息　　　　　　　　　　　　　（b）现场落石堆积

图 6.13　WXZ-9 警示信息与现场情况

7. 第七次安全预警

2018 年 11 月 16 日 2:05，位于 1 号冲沟孤石上部的 3 号和 12 号微芯桩振动指标同时发出"红色警示"。现场值班人员证实夜间有石头滚落，但未滚落至道路上。第七次安全预警 3 号微芯桩（WXZ-3）与 12 号微芯桩（WXZ-12）警示信息与现场情况如图 6.14 所示。

（a）警示信息 　　　　　　　　（b）1号冲沟滚石堆积

图 6.14　WXZ-3 与 WXZ-12 警示信息与现场情况

6.2　鹿丹村调节池基坑工程自动化监测预警案例

6.2.1　项目背景

　　拟建鹿丹村调节池基坑场地位于广东省深圳市罗湖区滨河路南侧，布吉河河口右岸，深圳河北岸，其西侧为滨河污水处理厂，东侧为鹿丹村社区。基坑轮廓整体呈长条形，南北向较长，长宽分别约为 220m 和 78m，周长约 725m。基坑场地地势平坦、交通便利，基坑占地面积约 1.85 万 m^2，调节池总容积 9 万 m^3，坑底设计高程为 -1.9m～-14.5m，基坑深 7.0～19.1m，工程区位于布吉河流域，地貌类型为冲积平原，形成河流冲积、海积层地貌。现经人工改造回填整平，地面高程大多为 4.6～5.1m。根据周边环境、基坑深度、地质条件及相关的规定，该基坑安全等级定为一级。

　　该阶段基坑主要采用桩锚支护，支护桩采用冲（钻）孔灌注桩，内支撑设置两道，锚索布置 4 道，箱涵侧采用悬臂灌注桩及钢板桩支护，在基坑内高差分布段采用双排桩支护，为控制场地地下水，该工程采用旋喷桩进行止水。场区内淤泥质软土层厚度大、分布范围广，结合地基处理需求，该阶段采用水泥搅拌桩进行处理，兼顾基坑稳定，采用格栅状布置，局部按等间距布置。为保证基坑施工安全，实现基坑工程的自动化监测，于 2017 年 7 月 17 日制定了微芯桩自动化监测方案。

6.2.2　监测方案

依照《建筑基坑工程监测技术标准》（GB50497—2019），该项目共布设 16 个变形监测点，2 个地下水位监测点，用于监测倾斜、振动、水位。该项目分三次布设监测点，分别于 2017 年 7 月 17 日、2018 年 3 月 15 日、2018 年 6 月 25 日赴现场共安装 16 个微芯桩，2 个水位计，1 台一杆式采集测站。监测指标包括倾斜、振动和水位。监测点布设图如图 6.15 所示，典型测点安装照片如图 6.16 所示。

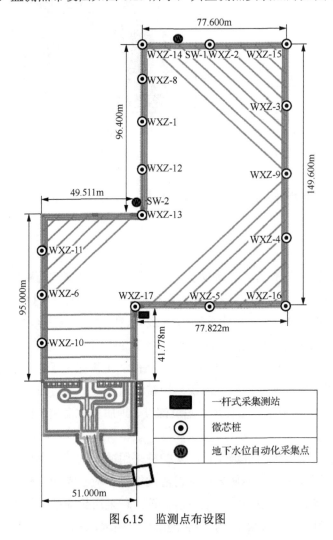

图 6.15　监测点布设图

| （a）采集测站 | （b）微芯桩 |

图 6.16　典型测点现场安装照片

6.2.3　微芯桩监测预警系统实施效果

1）第一次安全预警

（1）监测异常发现。2018 年 6 月 7 日，在台风期间（暴雨），巡视人员发现监测点 WXZ-2 的倾角在 4d 内由 0.6°降低至 0.16°，变化量较大，平台出现"异常提示"。随即，启动安全预警上报流程，电话及短信上报警示信息至项目负责人后，并在 1h 内出具监测报告，发送至业主及施工方负责人。当日，施工方督促第三方监测单位加密观测，但未发现位移数值异常。第一次安全预警 2 号微芯桩 WXZ-2 倾角变化曲线如图 6.17 所示。

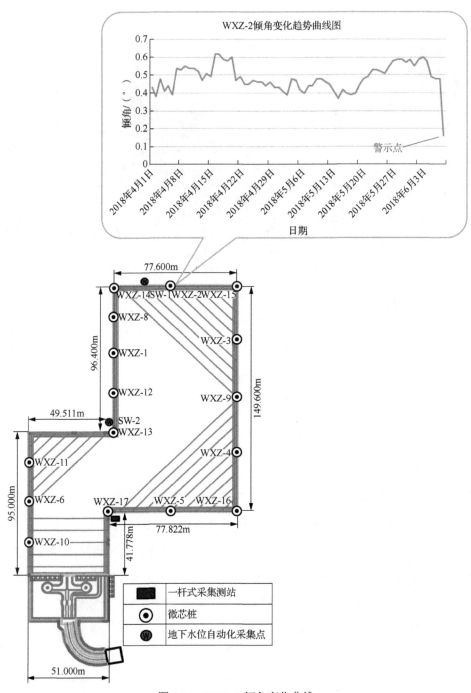

图 6.17　WXZ-2 倾角变化曲线

（2）隐患发生。2018 年 6 月 9 日 16:00，鹿丹村基坑工程监测点 WXZ-2 北侧发生地面塌陷，如图 6.18 所示（提前 46h20min 做出安全预警）。

图 6.18　基坑北侧滨河路辅道地面塌陷图（6 月 9 日）

2）第二次安全预警

（1）监测异常发现。2018 年 6 月 7 日，巡视人员发现监测点 WXZ-9 的倾角达到 2.05°，超过黄色警示值 2°，平台出现"黄色技术警示"，倾角变化曲线如图 6.19 所示。随即，启动安全预警上报流程，电话及短信上报警示信息至业主方及施工方负责人后，在 1h 内出具监测报告，发送至业主及施工方负责人。当日赴现场勘查，在监测点 WXZ-9 附近发现有张拉裂缝，现场张拉裂缝如图 6.20 所示。

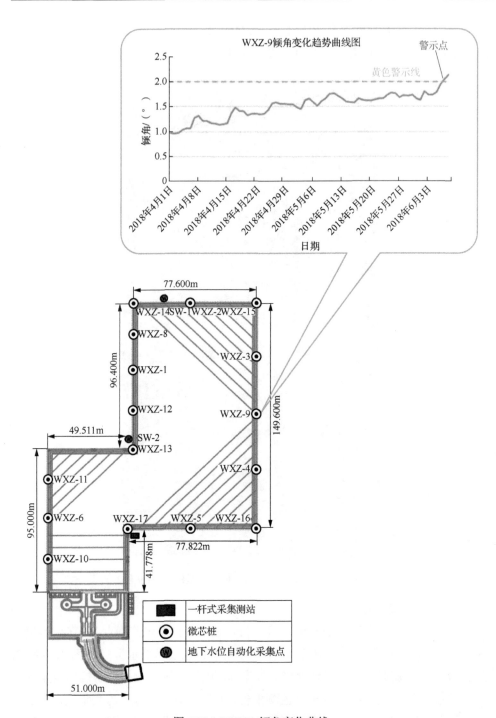

图 6.19 WXZ-9 倾角变化曲线

图 6.20 现场张拉裂缝

（2）隐患发生。2018 年 6 月 17 日 15:00，鹿丹村基坑工程监测点 WXZ-9 突发基坑涌水，如图 6.21 所示（提前 9d22h15min 做出安全预警）。

图 6.21 基坑东侧靠中海天钻小区现场突发基坑涌水（6 月 17 日）

3）第三次安全预警

（1）监测异常发现。2018 年 6 月 17 日，在现场的应急抢险会议中提出监测点 WXZ-1 数据异常，并提供监测报告。该点处于基坑西侧中间，与附近的监测点 WXZ-8 和 WXZ-12 相比，测值最小，相差达到 0.5°，不符合中间测点变形最大的规律，西侧各测点倾角变化曲线如图 6.22 所示。至 2018 年 8 月 16 日，监测点 WXZ-12 超过黄色技术警示值 2°，再次提供预警报告。

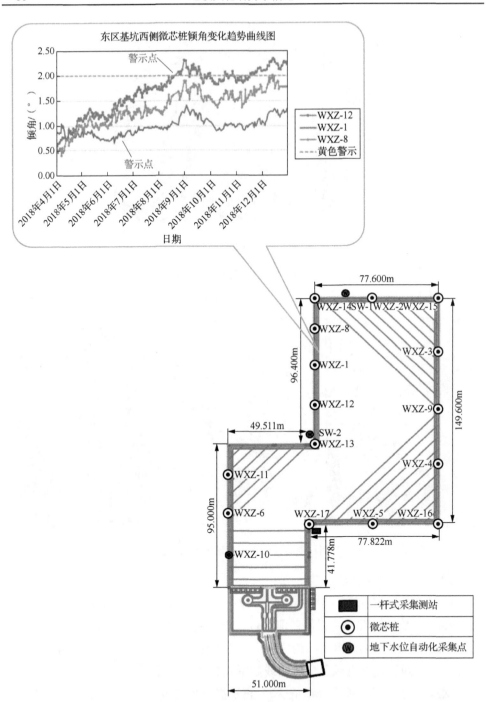

图 6.22　西侧各测点倾角变化曲线

（2）隐患发生。2018 年 6 月 29 日 17:00，鹿丹村基坑工程 WXZ-1 测点下方突发基坑涌水，如图 6.23 所示（提前 12d19h10min 做出安全预警）。

图 6.23　基坑西侧原公交场站现场突发基坑涌水（6 月 29 日）

6.3　贵州思南县崩塌体监测预警案例

6.3.1　项目背景

小屯岩崩塌体位于贵州省思南县凉水井镇张家坳村，2019 年汛期以来，降水频繁，小屯岩崩塌地质灾害点三处崩塌体裂缝变化加剧，并多次发生碎石掉落，严重威胁凉水井街道 15 户居民及卫生院、加油站工作人员的生命财产安全，以及与过境省道和凉关公路的通行安全。2019 年 7 月 19 日，隐患点西南侧在应急治理施工过程中出现近 2 000 方岩体垮塌，所幸并未造成人员伤亡。

现场采用爆破削坡的方式排除危岩体隐患，为保证施工安全，采用微芯桩监测预警系统对危岩体的振动加速度、固有振动频率、倾斜等指标进行实时监测；为了研究原始高陡边坡受工程施工扰动的影响程度，该方案同时利用多普勒激光测振仪和三维激光扫描仪对边坡整体进行定期监测，以判断崩塌体后缘及外侧坡体的稳定性。

6.3.2　监测方案

对崩塌体的监测预警应实现在边坡大规模失稳破坏前提前发出警示信息，在减小崩塌体失稳破坏对下方潜在危害的同时保证保护施工人员的安全。该项目在坡体上布设 6 个微芯桩固定监测点，对边坡的整体稳定性进行监测预警，监测点布置图如彩图 15 所示，其中 1 号点和 2 号点布设在崩塌体后缘的较稳定坡体上，以监测施工过程对母岩的扰动情况；3 号点和 4 号点布设在崩塌体右侧，对此区域的危岩体变形方向及失稳破坏进行监测，防止此区域内危岩体崩塌对下方建筑及人员造成伤害；5 号点和 6 号点布置在崩塌体正下方，通过对已知崩塌体及设计开挖线以下岩体基座的监测，保障施工过程的顺利进行，1～6 号点的安装于2019 年 8 月 21 日完成。

为了加强对施工人员的保护，该项目同时设置 7 号点和 8 号点这两个微芯桩临时监测点，并且其布设位置随施工进度而不断调整，为施工人员的安全提供实时保障。7 号点和 8 号点的安装于 2019 年 9 月 2 日完成，分别布置在崩塌体后缘左右两侧母岩的岩壁上。典型测点安装情况如图 6.24 所示。

图 6.24　监测点安装情况

本书作者分别于 2019 年 8 月 23 日、2019 年 9 月 4 日、10 月 22 日利用多普勒远程激光测振仪对边坡危岩体的变形进行了扫描，获得了边坡危岩体的振动曲线。三次扫描时的激光点位置如图 6.25 所示,现场工作示意图如图 6.26 所示。

图 6.25 远程测振激光点位置图

图 6.26 远程激光测振现场工作示意图

本书作者分别于 2019 年 8 月 23 日与 10 月 23 日利用三维激光扫描仪对崩塌体的三维变形信息进行了采集,三维激光扫描现场工作图如图 6.27 所示。

图 6.27　三维激光扫描现场工作图

6.3.3　监测结果及分析

1. 监测结果

1）微芯桩监测结果

本书作者对 2019 年 8 月 25 日至 11 月 17 日期间的微芯桩监测结果进行分析，监测指标包括倾角、倾向、振动幅值及固有振动频率。

（1）1 号监测点。1 号桩倾斜变化过程线如图 6.28 所示，1 号桩振动变化过程线如图 6.29 所示，1 号桩监测特征值统计如表 6.2 所示。

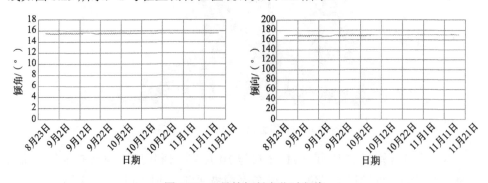

图 6.28　1 号桩倾斜变化过程线

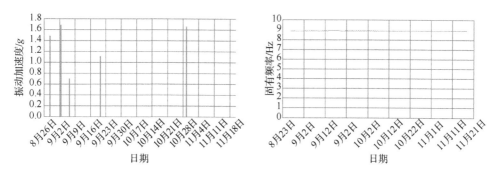

图 6.29　1 号桩振动变化过程线

表 6.2　1 号桩监测特征值统计

指标	倾角/（°）	倾向/（°）	固有频率/Hz
最大值	15.706	171.732	8.993
最小值	15.471	167.285	8.875
最大变幅	0.235	4.447	0.118

在 2019 年 8 月 25 日至 11 月 17 日这一监测时间段内，1 号监测点微芯桩的倾角、倾向、固有频率均在一定范围内上下波动，基本保持稳定；在现场施工期间，微芯桩感知较大的振动幅值；1 号监测点所处的崩塌体后缘母岩并无异常变形，保持稳定。

（2）2 号监测点。2 号桩倾斜变化过程线如图 6.30 所示，2 号桩振动变化过程线如图 6.31 所示；2 号桩监测特征值统计如表 6.3 所示。

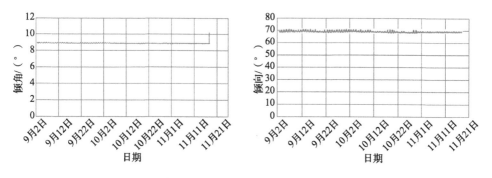

图 6.30　2 号桩倾斜变化过程线

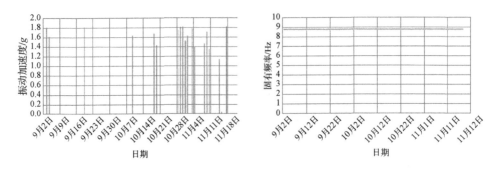

图 6.31　2 号桩振动变化过程线

表 6.3　2 号桩监测特征值统计

指标	倾角/(°)	倾向/(°)	固有频率/Hz
最大值	10.28	71.04	8.81
最小值	8.85	68.02	8.75
变幅	1.43	3.02	0.06

在 2019 年 8 月 25 日至 11 月 15 日这一监测时间段内，2 号监测点微芯桩的倾角、倾向、固有频率均在一定范围内上下波动，基本保持稳定；在现场施工期间，微芯桩感知较大的振动幅值；2019 年 11 月 17 日 14:00 微芯桩感知一次倾角突变及较大振动，但此时微芯桩感知的固有频率并未发生明显改变。2 号监测点所处的崩塌体后缘母岩并无异常变形，保持稳定。

（3）3 号监测点。3 号桩倾斜变化过程线如图 6.32 所示，3 号桩振动变化过程线如图 6.33 所示；3 号桩监测特征值统计如表 6.4 所示。

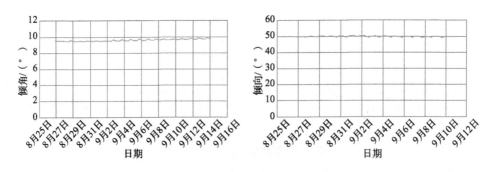

图 6.32　3 号桩倾斜变化过程线

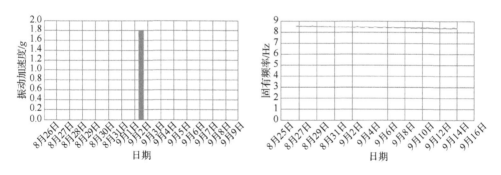

图 6.33 3 号桩振动变化过程线

表 6.4 3 号桩监测特征值统计

指标	倾角/(°)	倾向/(°)	固有频率/Hz
最大值	9.88	50.27	8.57
最小值	9.42	49.07	8.35
变幅	0.46	1.20	0.22

在 2019 年 8 月 25 日至 9 月 14 日这一监测时间段内，3 号监测点微芯桩的倾向在一定范围内上下波动基本保持稳定，微芯桩监测到的振动频率缓慢下降、微芯桩的倾角呈缓慢增大趋势；从监测数据可以看出，3 号监测点所处的崩塌体向特定方向呈缓慢变形趋势，且伴随着累积损伤的增大而增大。

（4）4 号监测点。4 号桩倾斜变化过程线如图 6.34 所示，4 号桩振动变化过程线如图 6.35 所示；4 号桩监测特征值统计如表 6.5 所示。

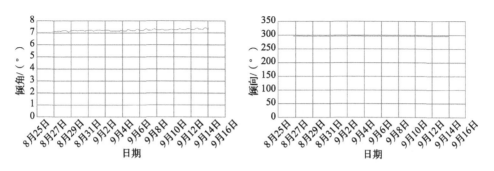

图 6.34 4 号桩倾斜变化过程线

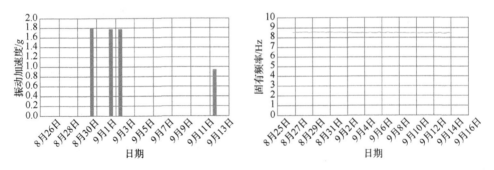

图 6.35　4 号桩振动变化过程线

表 6.5　4 号桩监测特征值统计

指标	倾角/(°)	倾向/(°)	固有频率/Hz
最大值	7.44	297.18	8.59
最小值	7.08	296.06	8.45
变幅	0.37	1.12	0.14

在 2019 年 8 月 25 日至 9 月 14 日这一监测时间段内，4 号监测点微芯桩的倾向、固有频率均在一定范围内上下波动，基本保持稳定，但微芯桩的倾角呈缓慢增大趋势；在现场施工期间，微芯桩感知较大的振动幅值。从监测数据可以看出：4 号监测点所处的崩塌体正向固定方向发生缓慢变形。

（5）5 号监测点。5 号桩倾斜变化过程线如图 6.36 所示，5 号桩振动变化过程线如图 6.37 所示；5 号桩监测特征值统计如表 6.6 所示。

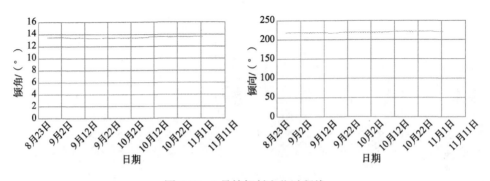

图 6.36　5 号桩倾斜变化过程线

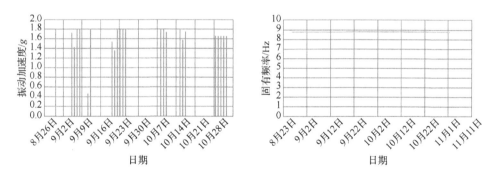

图 6.37　5 号桩振动变化过程线

表 6.6　5 号桩监测特征值统计

指标	倾角/（°）	倾向/（°）	固有频率/Hz
最大值	13.69	222.34	8.77
最小值	13.30	216.70	8.73
变幅	0.38	5.64	0.04

在 2019 年 8 月 25 日至 11 月 1 日这一监测时间段内，5 号监测点微芯桩的倾角、倾向、固有频率均在一定范围内上下波动，基本保持稳定；在现场施工期间，微芯桩感知较大的振动幅值。从监测数据可以看出，5 号监测点所处的崩塌体下部无异常变形，基本保持稳定。

（6）6 号监测点。6 号桩倾斜变化过程线如图 6.38 所示，6 号桩振动变化过程线如图 6.39 所示；6 号桩监测特征值统计如表 6.7 所示。

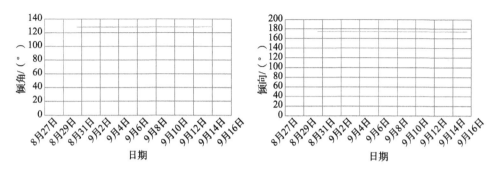

图 6.38　6 号桩倾斜变化过程线

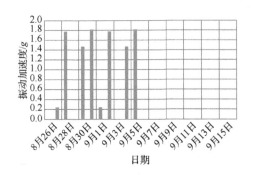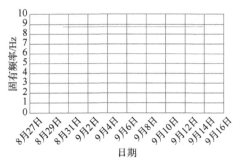

图 6.39　6 号桩振动变化过程线

表 6.7　6 号桩监测特征值统计

指标	倾角/(°)	倾向/(°)	固有频率/Hz
最大值	128.93	175.20	8.74
最小值	128.29	174.44	8.73
变幅	0.63	0.76	0.01

在 2019 年 8 月 25 日至 9 月 14 日这一监测时间段内，6 号监测点微芯桩的倾角、倾向、固有频率基本保持稳定；在现场施工期间，微芯桩感知较大的振动幅值。从监测数据可以看出，6 号监测点所处的崩塌体下部无异常变形，基本保持稳定。

（7）7 号监测点。7 号桩倾斜变化过程线如图 6.40 所示，7 号桩振动变化过程线如图 6.41 所示；7 号桩监测特征值统计如表 6.8 所示。

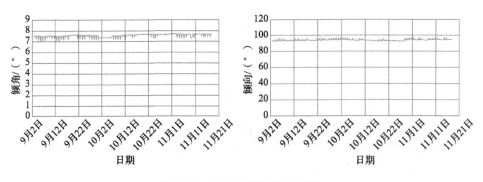

图 6.40　7 号桩倾斜变化过程线

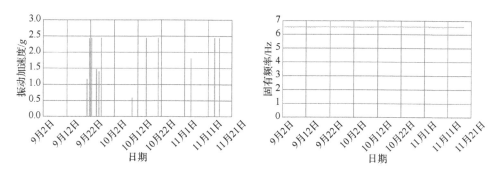

图 6.41 7 号桩振动变化过程线

表 6.8 7 号桩监测特征值统计

指标	倾角/(°)	倾向/(°)	固有频率/Hz
最大值	7.75	97.28	6.58
最小值	7.05	92.41	6.51
变幅	0.70	4.87	1.06

在 2019 年 9 月 2 日至 11 月 17 日这一监测时间段内，7 号监测点微芯桩的倾角、倾向在一定范围内上下波动，基本保持稳定；微芯桩监测到的振动频率也在波动之中，且略有下降；在现场施工期间，微芯桩感知较大的振动幅值。从监测数据可以看出，7 号监测点所在岩体呈现出潜在变形特征。

（8）8 号监测点。8 号桩倾斜变化过程线如图 6.42 所示，8 号桩振动变化过程线如图 6.43 所示；8 号桩监测特征值统计如表 6.9 所示。

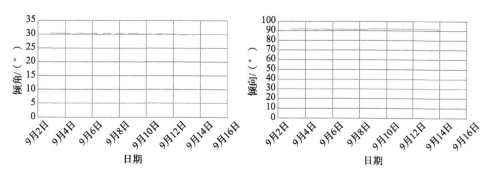

图 6.42 8 号桩倾斜变化过程线

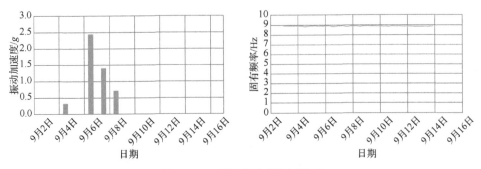

图 6.43 8 号桩振动变化过程线

表 6.9 8 号桩监测特征值统计

指标	倾角/(°)	倾向/(°)	固有频率/Hz
最大值	30.68	92.09	8.87
最小值	29.97	91.25	8.80
变幅	0.71	0.84	0.80

在 2019 年 9 月 2 日至 9 月 14 日这一监测时间段内，8 号监测点微芯桩的倾角、倾向、固有频率基本保持稳定；在现场施工期间，微芯桩感知较大的振动幅值。从监测数据可以看出，8 号监测点所处的崩塌体后缘基本保持稳定。

2）激光测振监测结果

在 54 个监测点中，大多测点数据保持平稳，通过检查数据发现 8 处危岩体频率下降超过 0.5% 的监测点均在崩塌体顶部，表明除崩塌体顶部外，其余各处边坡岩体基本保持稳定状态。图 6.44～图 6.46 为三次激光测振结果示意图。

（1）第一次激光测振结果如图 6.44 所示（2019 年 8 月 24 日）。

图 6.44 第一次激光测振结果

（2）第二次激光测振结果如图 6.45 所示（2019 年 9 月 4 日）。

图 6.45　第二次激光测振结果

（3）第三次激光测振结果如图 6.46 所示（2019 年 10 月 22 日）。

图 6.46　第三次激光测振结果

3）三维激光扫描监测结果

对小屯岩坡体进行的三维激光点云监测数据表明，崩塌体整体的变形较小，局部的较大变形点主要集中于坡脚和崩塌体顶部右侧区域。现场调查发现坡脚处的变形主要是人工开挖的土石堆积，而崩塌体顶部右侧区域并无大型的开挖作业，可判断此处岩体相对崩塌体正发生较大变形。小屯岩崩塌体扫描结果如彩图16～彩图18所示。

2. 稳定性综合分析

通过对微芯桩监测数据、激光测振和三维激光扫描的监测结果综合分析，可以得出以下结论。

（1）从微芯桩感知的倾斜数据来看，除3号和4号监测点的微芯桩感知倾角略有增大外，其余各桩的倾斜监测数据都比较稳定；从微芯桩感知的振动数据来看，各桩均感知过一定的振动，主要为施工扰动的影响，但微芯桩感知的固有振动频率除3号点、7号点略有下降外，其余监测点的固有频率均保持稳定，表明崩塌体主体变形较为缓慢，但其顶部右侧区域变形较快。

（2）从远程激光测振的结果看，崩塌体及周边陡崖上同一岩体前后两次采集到的振动数据整体并无较大差异；因开挖施工影响，崩塌体顶部的危岩体其振动频率略有下降。

（3）三维激光扫描的监测数据显示现阶段崩塌体整体的变形较小，但其顶部右侧存在较明显的变形区域，这与布置在该区域内的微芯桩3号和4号监测点的监测结果相吻合。

综上所述，崩塌体顶部右侧存在潜在变动区域，但现阶段崩塌体主体的变形较小、崩塌体下部基岩基本保持稳定。

6.4　黄藏寺水电站库岸危岩识别监测案例

6.4.1　项目背景

黄藏寺水利枢纽工程是2016年开工建设的20项节水供水重大水利工程之一。该工程位于黑河上游东、西两岔交会处以下11km的黑河干流上，水库总库容4.03亿m³，最大坝高122m，工程施工总工期为58个月。坝址区两岸山体雄厚，河谷狭窄，呈"V"形，岩体结构复杂，软弱结构面发育，右岸2 570m高程以上边坡，存在多个结构面的不利组合，边坡主体采用锚喷支护，部分未支护边坡结构面发育岩体结构较为破碎，其上部危岩体给工程安全施工带来巨大安全隐患。为了对坝址区两侧高边坡危岩体进行快速识别与监测预警，采用激光测振技术远程采集边坡危岩体的固有振动频率特征，识别施工范围内岩土体的危险区域，并确定实时监测点。此外，在测点安装微芯桩传感器实时监测危岩体的倾角与振动特征，为现场施工作业提供安全服务。

6.4.2 危岩体识别及实时监测点选取

结合激光测振结果及现场地质判断，现阶段我们初步确定 7 个微芯桩监测点，其中左坝肩上游侧 2 个，左坝肩下游侧 1 个；右坝肩上游侧 2 个，右坝肩下游侧厂房边坡 2 个，具体监测点布设原则及工作如下所述。

1）实时监测点布设原则

重点实时监测位置点的布设主要考虑如下几点。

（1）工程位置重要性。治理边坡首要考虑工程位置的重要性，为保障生产中人员与设备安全，重点监测区域主要为施工区域；在尽可能保障安全生产的前提下节约成本，对无关紧要且对后续工程影响较小的位置可以忽略。

（2）结构面的组合方式。岩体的位移方向受结构面控制，当切割岩体的结构面的法向指向边坡临空面时，该块体当作监测重点。

（3）"连锁反应"可能性。坡体某区域的块体群在相互作用下处于稳定状态，当处于关键位置的块体脱落或滑移，块体群的平衡被打破，常常发生大片区域碎石脱落母岩，关键位置块体当作重点监测对象。

（4）结构面贯穿程度。一方面结构面贯穿程度决定结构面的强度参数，贯穿程度越高，结构面抗滑移能力越低，边坡越易发生滑移；另一方面结构面贯穿程度也决定降雨对边坡稳定性的影响，贯穿程度越高，降雨对边坡稳定性影响越大。

（5）破坏形式。黄藏寺坝址边坡危岩体主要存在的破坏模式有坠落、倾倒与滑移，较为破碎区域的碎石滚落，可通过及时清理措施避免碎石滚落带来的危害，但坝址两侧的高陡边坡上存在较大块的危岩体，节理裂隙较为发育，较易发生大范围破坏，给安全生产带来不容忽视的威胁。

（6）固有振动频率指标。固有振动频率一定程度反映着块体黏结程度，固有振动频率越高，块体黏结程度越高，反之越低。固有振动频率的监测对边坡危险点监测具有重要的指导意义。

2）左坝肩实时监测点布设

（1）左坝肩上游区域。选点区域位于左坝肩上游区域，高程为 2 600～2 700m，目前该区域下部基坑正处于开挖阶段，底部基坑过往车辆及人员较多，该位置岩体的稳定性直接影响着施工人员的安全及安全生产进度。该区域自坡顶至基坑存在一条较大的剪切破碎带，破碎带内存在大量的离散块体，离散块体以多种方式组合成块体群，易发生"连锁"失稳造成大面积滑坡，个别块体易发生倾倒、滑移失稳破坏。对该位置进行激光多普勒测振监测结果如图 6.47 所示。

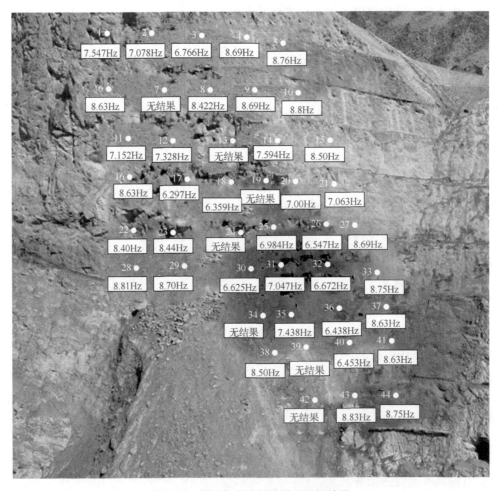

图 6.47　左坝肩上游区域激光测振结果

根据危岩体固有频率分析结果与危岩块体的赋存特点,制定实时监测位置点,监测点布设位置如图 6.48 中方形点所示。

图 6.48 左坝肩上游区域实时监测位置点

3 号块体高程约为 2 730m,测得固有振动频率为 6.766Hz,远低于 5 号监测点频率 8.76Hz,块体移动方向由两个结构面控制,两个结构面的法向方向皆指向坡体临空面,易发生滑移破坏;且该块体上部存在较为破碎的岩体,一旦失稳破坏,将对整个坡面的安全性造成影响;同时由于块体位置较高,其破坏后岩石碎屑飞溅,运动轨迹无法预测、影响范围较大,对下方基坑施工及进场道路安全均有较大影响,故将该块体当作为重点监测点,其细节图及微芯桩监测点布置如图 6.49 所示。

图 6.49　3 号块体细节图及微芯桩监测点布置

36 号块体固有振动频率为 6.438Hz，块体表面裂隙发育且左右两侧结构面相互切割，底面临空，有较高的坠落风险；块体失稳破坏后，将对下方基坑施工产生较大影响，故将其作为重点监测对象，其细节图及微芯桩实时监测点布置如图 6.50 所示。

图 6.50　36 号块体细节图及微芯桩实时监测点布置

（2）左坝肩下游区域。选点区域位于左坝肩下游区域，高程在 2 570～2 650m，目前该区域下部基坑正处于开挖阶段，底部基坑过往车辆及人员较多，该位置岩体稳定性直接影响着施工人员安全以及安全生产进度。坝址下游坡面较为破碎，坡体内存在大量的离散块体，离散块体以多种方式组合成块体群，松散体下部易发生"连锁"失稳造成大面积崩塌，上部个别块体易发生滑移失稳破坏。对该位置进行激光多普勒测振结果如图6.51所示。

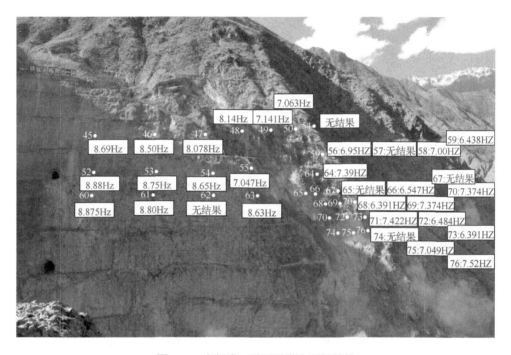

图 6.51   左坝肩下游区域激光测振结果

左坝肩下游区域侧坡体存在的大量破碎岩块，激光测振数据显示，此区域内岩块的振动频率较低；实地踏勘发现，坡体顶部已经出现局部开裂，坡体或将处于整体变形阶段；一旦坡体发生整体的垮塌或滑动，将严重影响下方基坑的施工，甚至会阻塞导流洞，故将其选为重点监测对象，监测点布置在坡体顶部，其开裂位置及实时监测点布置如图6.52所示。

3）右坝肩实时监测点布设

（1）右坝肩上游区域。选点区域位于右坝肩上游区域，高程在 2 580～2 630m之间，底部过往车辆及人员较多，该位置危岩体若发生失稳破坏将影响下方基坑施工人员及器械安全，对该区域进行多普勒激光测振结果如图6.53所示。

图 6.52　左坝肩下游区域实时监测点布置

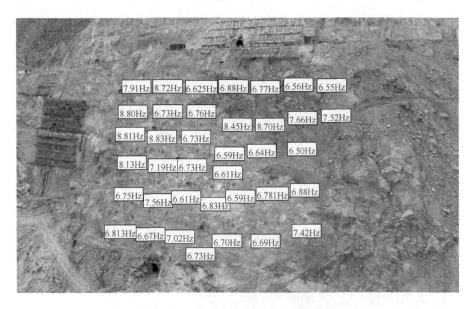

图 6.53　右坝肩上游区域激光测振结果

根据危岩块体的赋存特点，确定实时监测位置点，监测点布设位置如图 6.54
中圆形点所示。

图 6.54　右坝肩上游区域实时监测点布设位置

24 号块体固有振动频率为 6.61Hz，26 号块体固有振动频率为 6.73Hz，两处岩体表面皆较为破碎、节理发育，两处块体下部均临空，滑移方向受结构面控制；若该块体脱落滑移，将会影响基坑的施工，造成安全隐患，故将这两处块体当作重点监测对象，块体主要结构面及微芯桩测点布置如图 6.55 所示。

图 6.55　24 号块体和 26 号块体结构面及测点布置

（2）右坝肩下游区域。选点区域位于右坝肩下游，高程为 2 550～2 600m，对该位置进行激光多普勒测振结果如图 6.56 所示。底部过往车辆及人员较多，该位置危岩体若发生破坏，将直接影响着施工人员及器械安全。该区域存在向岩体内部斜向上延伸的大长结构面，可能会随厂房施工发生块体滑移脱落，严重威胁厂房施工安全；且该区域后期将进行系统支护，需布设监测点以保障施工人员的安全。

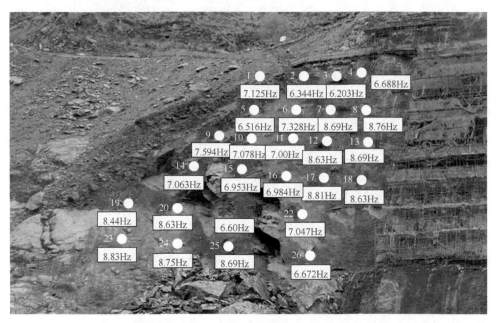

图 6.56　右坝肩下游区域激光测振结果

根据危岩块体的赋存特点，确定实时监测位置点，监测点布设位置如图 6.57 中圆形点所示。

2 号位置点块体固有振动频率为 6.344Hz，该块体移动方向受两组结构面控制，结构面法线方向皆指向坡体临空面方向，易发生滑移失稳，该块体当作为重点监测点；面前此处边坡整体尚不稳定，其下部随有锚杆支护，但现阶段锚杆已有部分失效，为保障边坡整体的安全，选择利用微芯桩对此处进行重点监测。

21 号位置点块体固有振动频率为 6.60Hz，块体运动方向受三个结构面控制，三个结构面法线方向皆指向坡体临空面，若块体滑移会使左上方块体形成新的较大的临空面，影响更大面积块体的稳定性，且 21 号位置点块体安全性变化直接影响着整体的稳定性，故将 21 号位置点块体当作重点监测点，块体主要结构面及微芯桩测点布置图如图 6.58 所示。

图 6.57 右坝肩下游区域实时监测点布设位置

图 6.58 21 号位置点块体结构面及测点布置图

6.4.3 监测结果分析

1. 远程激光测振定期监测结果

左、右坝址激光测振结果统计如表 6.10 和表 6.11 所示。从监测数据可以看出,对坝址两年边坡进行了两阶段激光测振,并未发现明显的固有振动频率改变的情况,表明边坡岩土体在现有支护条件下,具备在当前施工振动及降雨条件下保持稳定的能力。

表 6.10 坝址左岸激光测振结果统计

点号	频率和变化率			点号	频率和变化率		
	5月频率/Hz	10月频率/Hz	变化率/%		5月频率/Hz	10月频率/Hz	变化率/%
1	6.55	6.50	−0.76	33	7.91	7.95	0.51
2	7.52	7.55	0.40	34	8.80	8.71	0.00
3	6.56	6.54	−0.30	35	8.81	8.74	−0.79
4	7.66	7.65	−0.13	36	8.13	8.13	0.00
5	6.59	6.59	0.00	37	6.75	6.80	0.74
6	6.88	6.91	0.44	38	6.81	6.79	−0.29
7	7.42	7.35	−0.94	39	7.13		
8	6.77	6.71	−0.89	40	6.34		
9	8.70	8.77	0.80	41	6.20		
10	6.64	6.59	−0.75	42	6.69		
11	6.78	6.74	−0.59	43	6.52		
12	6.69	6.67	−0.30	44	7.33		
13	6.88	6.82	−0.87	45	8.69		
14	8.45	8.42	−0.36	46	8.76		
15	6.59	6.65	0.91	47	7.59		
16	6.59	6.54	−0.76	48	7.08		
17	6.70	6.69	−0.15	49	7.00		
18	6.63	6.69	0.90	50	8.63		
19	6.76	6.75	−0.15	51	8.69		
20	6.73	6.72	−0.15	52	7.06		
21	6.73	6.72	−0.15	53	6.95		
22	6.61	6.57	−0.61	54	6.98		
23	7.02	7.09	1.00	55	8.81		
24	6.61	6.55	−0.91	56	8.63		
25	6.83	6.84	0.15	57	8.44	8.52	0.95
26	6.73	6.73	0.00	58	8.63	8.67	0.46
27	8.72	8.77	0.57	59	6.60		
28	6.73	6.72	−0.15	60	7.05		
29	8.83	8.88	0.57	61	8.83	8.82	−0.11
30	7.19	7.16	−0.42	62	8.75	8.72	−0.34
31	7.56	7.59	0.40	63	8.69		
32	6.67	6.70	0.45	64	6.67		

表 6.11 坝址右岸激光测振结果统计

点号	频率和变化率			点号	频率和变化率		
	5 月频率/Hz	10 月频率/Hz	变化率/%		5 月频率/Hz	10 月频率/Hz	变化率/%
1	7.55	7.56	0.13	39		8.50	
2	7.08	7.14	0.85	40	6.45	6.41	-0.62
3	6.77	6.77	0.00	41	8.63	8.70	0.81
4	8.69	8.73	0.46	42		7.98	
5	8.76	8.71	-0.57	43	8.83	8.76	-0.79
6	8.63	8.64	0.12	44	8.75	8.79	0.46
7		6.58		45	8.69	8.67	-0.23
8	6.42	6.39	-0.47	46	8.50	8.51	0.12
9	8.69	8.69	0.00	47	8.08	8.14	0.74
10	8.81	8.88	0.79	48	8.44		
11	7.15	7.19	0.56	49	7.14	7.20	0.84
12	7.33	7.31	-0.27	50	7.06		
13		7.56		51			
14	7.59	7.65	0.79	52	8.88	8.93	0.56
15	8.50	8.58	0.94	53	8.75	8.75	0.00
16	8.63	8.58	-0.58	54	8.65	8.68	0.35
17	6.30	6.33	0.48	55	7.05	6.99	-0.85
18	6.36	6.40	0.63	56	6.95		
19		7.23		57			
20	7.00	6.99	-0.14	58	7.00	7.06	0.86
21	7.06	7.11	0.71	59	6.44		
22	8.40	8.47	0.83	60	8.88	8.92	0.45
23	8.44	8.42	-0.24	61	8.80	8.86	0.68
24		7.54		62		8.72	
25	6.98	6.98	0.00	63	8.63	8.59	-0.46
26	6.55	6.50	-0.76	64	7.39	7.41	0.27
27	8.69	8.71	0.23	65			
28	8.81	8.80	-0.11	66	6.55		
29	8.70	8.69	-0.11	67		6.55	
30	6.63	6.58	-0.75	68	6.39		
31	7.05	7.03	-0.28	69	7.32	7.38	0.82
32	6.67	6.65	-0.30	70	7.20	7.18	-0.28
33	8.75	8.68	-0.80	71	7.42		
34		7.56		72	6.48		
35	6.44	6.38	-0.93	73	6.39	6.43	0.63
36	6.44	6.50	0.93	74			
37	8.63	8.63	0.00	75	7.05		
38	8.50	8.45	-0.59	76	7.51		

2. 微芯桩实时监测结果

各微芯桩测点倾角实时监测结果如图 6.59 所示,由监测数据可以看出,岩体倾角总体上保持稳定,各桩的监测数据在一定范围内上下波动,但并无异常突变,且各桩的监测数据并无定向偏离趋势,与振动频率特征变化趋势一致,可判断岩体处于基本稳定状态。

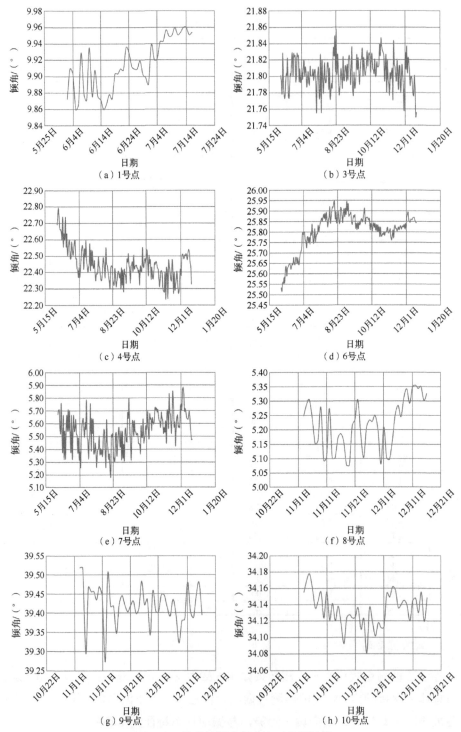

图 6.59　微芯桩测点倾角实时监测结果

6.5 梅州市地质灾害点自动化监测试点监测预警案例

6.5.1 项目背景

2020 年 1 月 9 日，本书作者及其课题组在梅州市兴宁市先声村 205 国道旁当地居民削坡建房的地质灾害隐患点建成危险边坡自动化安全监测预警系统，对边坡的倾斜、振动加速度指标参数进行全天候实时监测。该项目位于梅州市兴宁市，由于居民削坡建房，对边坡造成人为扰动，从而使居民生命财产安全受到滑坡体影响。根据现场调查，该边坡系原始山体开挖形成，为强风化岩质边坡，边坡长约 60m，高约 15m，整体坡度约 75°，大致呈直线展布。坡顶植被发育，坡脚建有住宅，住宅距坡脚距离约 3m，紧邻坡脚，边坡没有任何支护措施，局部变形破坏迹象明显，并存在大量裂缝，如图 6.60 所示。由图 6.60 可以看出，边坡整体处于欠稳定状态，在暴雨期间有可能发生滑坡或崩塌灾害，对人民生命财产安全造成极大威胁。

图 6.60　灾害点现场

6.5.2 微芯桩自动化监测预警方案

根据现场边坡的地形情况，采用微芯桩自动化监测预警系统，对边坡的倾斜、振动加速度进行监测，并设置有雨量站及视频站。根据现场裂缝发育情况进行设备布设，共设置 5 个倾斜、振动加速度监测站点，1 个雨量监测站点，1 个视频监测站点。现场布置图与典型测点安装图如彩图 19 和图 6.61 所示。

（a）1 号微芯桩　　　　　　　　　　（b）2 号微芯桩

图 6.61　典型测点安装图

6.5.3　微芯桩监测预警系统实施效果

2020 年 3 月 31 日入汛以来，监测项目人员密切关注该边坡的安全状态。从监测结果看出，自试点项目开展以来 2 号微芯桩所在位置的倾角监测数值一直在缓慢增加，2020 年 4 月 24 日 1:00，微芯桩捕捉到当天第一次振动，当日 5:00，倾角采集数值超过 2° 为 2.101°，倾角监测数值超过报警预值 0.101°，且持续捕捉到多次异常振动，监测预警平台立即发出报警信息，通知相关人员，当天 7:00，微芯桩倾角采集数值为 97.6451°。预警值班人员收到险情后，第一时间安排技术人员赴现场勘查，发现该边坡发生局部垮塌。崩塌发生前提前 2h 发出预警信息。由于预警及时，现场没有造成人员伤亡和财产损失。监测警示平台如图 6.62 所示，现场险情情况如图 6.63 所示。

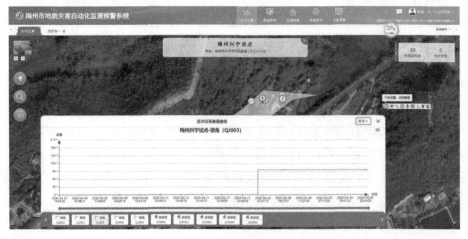

（a）PC 端平台

图 6.62　监测警示平台

（b）手机 App 警示

图 6.62（续）

（a）垮塌前 （b）垮塌后

图 6.63 现场险情情况

参 考 文 献

[1] MA G C, SAWADA K, YASHIMA A, et al. Experimental study of the applicability of the remotely positioned laser doppler vibrometer to rock-block stability Assessment[J]. Rock Mechanics and Rock Engineering, 2015, 48(2):787-802.

[2] HE Z, XIE M W, HUANG Z, el al., Experimental hazardous rock block stability assessment based on vibration feature parameters[J]. Advances in Civil Engineering, 2020: 1-11, 2020.

[3] 杜岩, 谢谟文, 蒋宇静, 等. 基于固有振动频率的危岩安全监测试验研究[J]. 岩土力学, 2016, 37(10): 3035-3040.

[4] 杜岩, 谢谟文, 蒋宇静, 等. 应用激光多普勒测振仪的岩块体累计损伤评价试验研究[J].工程科学学报, 2017, 39(1): 141-146.

[5] 贾艳昌, 谢谟文, 昌圣翔, 等. 基于固有振动频率的滑移式和坠落式危岩块体稳定性评价模型研究[J].岩土力学, 2017, 38(7): 2149-2156.

[6] 谢谟文, 蔡美峰. 信息边坡工程学的理论与实践[M]. 科学出版社, 2005.

[7] 杜岩, 谢谟文, 吕夫侠, 等. 基于模态参量变化的边坡动态稳定分析新方法[J]. 岩土工程学报, 2015, 37(7): 1334-1339.

[8] 贾艳昌. 基于动力特征参数的边坡危岩块体稳定性模型研究[D]. 北京科技大学, 2018.

[9] 杜岩, 谢谟文, 蒋宇静, 等. 基于自振频率的监测预警指标确定方法[J]. 岩土力学, 2015, 36(8):2284-2290.

[10] 谢谟文, 李清波, 刘翔宇. 滑坡灾害预测模拟及监测预警系统[M]. 科学出版社, 2018.

[11] XIE M W, HE Z, LIANG Z X, et al. Slope disaster monitoring and early warning system based on 3D-MEMS and NB-IoT.[C]//2019 IEEE 4th Advanced Information Technology, Electronic and Automation Control Conference (IAEAC), Chengdu, China, 2019: 90-94.

[12] 杜岩, 谢谟文, 蒋宇静, 等. 基于动力学监测指标的崩塌早期预警研究进展[J]. 工程科学学报, 2019, 41(4):427-435.

[13] 许波, 谢谟文, 胡嫚. 基于GIS空间数据的滑坡SPH粒子模型研究[J]. 岩土力学, 2016, 37(9):2696-2705.

[14] 胡嫚, 谢谟文, 王立伟. 基于弹塑性土体本构模型的滑坡运动过程SPH模拟[J]. 岩土工程学报, 2016, 38(1):58-67.

[15] 吕夫侠, 谢谟文, 杜岩, 等. 基于抗滑力变化的边坡稳定状态识别[J]. 科学技术与工程, 2019(14): 309-314.

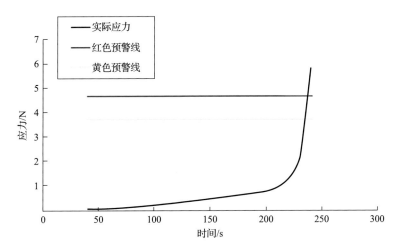

彩图 1　固定预警线指标预警分析

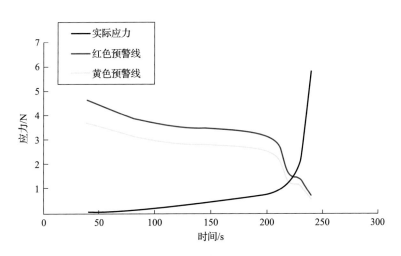

彩图 2　基于频率的早期预警

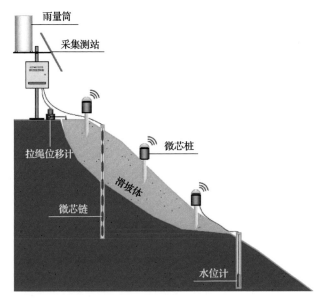

彩图 3　滑坡监测工作示意图

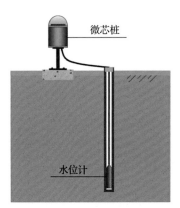

彩图 4　水位计安装示意图

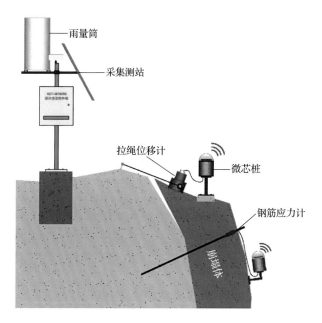

彩图 5 高陡危岩崩塌监测系统布置示意图

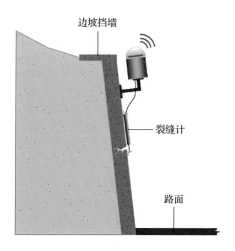

彩图 6 边坡挡墙监测工作示意图

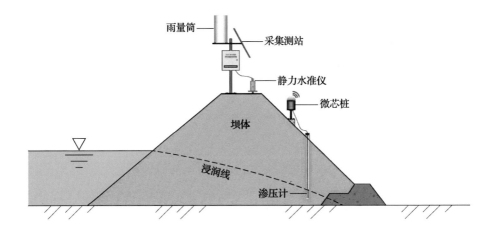

彩图 7　小型土石坝监测工作示意图

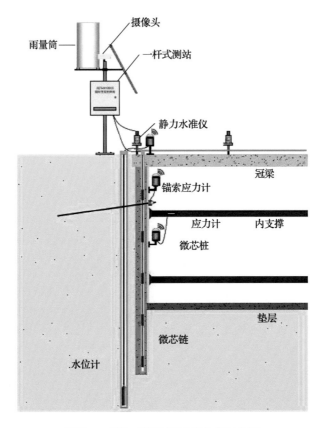

彩图 8　基坑工程监测系统布置示意图

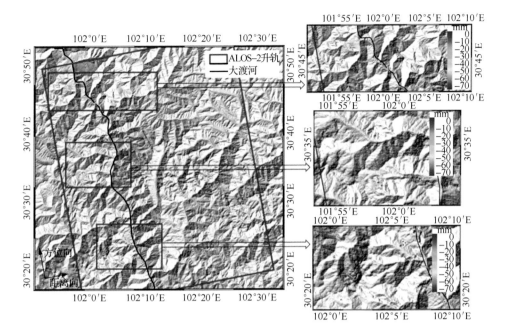

彩图 9　基于 D-InSAR 的灾害点早期识别结果

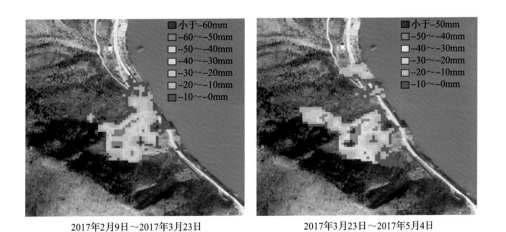

2017年2月9日～2017年3月23日　　　　2017年3月23日～2017年5月4日

彩图 10　灾害点地表变形早期识别结果

2017年5月4日～2017年6月15日　　　　　　　　　2017年10月19日～2017年11月30日

2017年6月15日～2017年9月7日　　　　　　　　　2017年9月7日～2017年10月19日

彩图 10（续）

彩图 11　开顶滑坡现场影像

（a）2017年12月无人机倾斜测量获得三维数据　　　（b）2018年1月无人机倾斜测量获得三维数据

（c）2017年12月～2018年1月无人机倾斜测量获得DEM差分结果

彩图12　基于无人机倾斜摄影结果发现变形位置

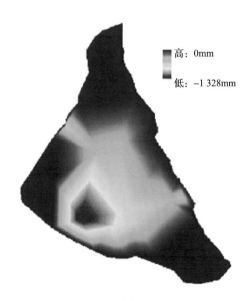

彩图13　滑坡位移累积云图

彩图 14　微芯桩监测点布设示意图

彩图 15　监测点布置图

彩图 16　三维激光扫描原始点云